密林侦探

无人相机捕捉到的自然

〔日〕宫崎学 小原真史 著

曹逸冰 译

南海出版公司

新经典文化股份有限公司
www.readinglife.com
出 品

目 录

序言

　　摄影师宫崎学在二十世纪六十年代出道，在木曾山脉与赤石山脉之间的长野县伊那谷一带，聚焦山区与森林，进行了长达半个多世纪的自然观察。他是天生的自然主义者，也是"拼装"的好手，总能利用手头的工具，造出所需的东西。他将日用品与电子仪器巧妙组合，改造成无人相机，捕捉野生动物不为人知的一面。他还是开车跑遍日本的旅行达人，一路上悉心观察自然环境的变化。

　　长久以来，我一直生活在"城市"或"郊区"这种地方，对森林的了解仅限于书本与影像。在现实生活中，不是远远地望望森林，就是偶尔进去转一圈，和它并没有太多直接的联系。二〇一一年的东日本大地震让我强烈意识到，日本是一个被大海环绕的国家，大量人群居住在海岸附近的平地。我还发现，人们身边不光有海，还有一座座山。结识宫崎老师之后，我对日本自然和山村密林产生了更多的兴趣。当然，和拥有五十多年经验的职业摄影师相比，我不过一只脚刚刚踏进这个领域。

　　宫崎老师将自己设计的"无人相机系统"和古老的猎人智慧结合起来，把隐藏在密林面纱之下的野生动物和不断变幻的自然呈现在我们面前。无人相机系统诞生于上世纪七十年代，原理很简单：把红外线装置设在动物常走的"兽道"上，一有动物经过，红外线被挡住，就会触发相机自动拍摄。当然，他也会拿起相机，亲身到野外摄影，可拍摄对象都是体力非凡的野生动物，意味着他难免需要在超越人体极限的条件下拍摄。

"自然"可以拆分成"自发"的"自"和"使然"的"然"这两个字。它既是名词，又能用做副词，比如"自然地"。宫崎老师的无人相机系统能做到动物一碰红外线，相机就按下快门，按快门的不是摄影师，是整个系统自动完成的。从表面看，这些照片应该算动物的自拍，可是拍摄过程离不开摄影师手制的器材与周详的计算。因此，严格意义上讲，这套系统拍摄的照片诞生于非人为因素与人为因素的绝妙搭配，是货真价实的自然恩赐。

长达半个世纪的拍摄，照片堆积成山。设置在各处的无人相机都是二十四小时连续工作，每天都有大量照片汇集到宫崎老师手中。这些森林的剪影，最终形成了森林一般博大而深奥的照片集。想要通过它们彻底掌握森林的全貌是一件难事，不过对我这种在生活中只会远眺森林的人来说，这座"照片森林"中尽是解读自然的线索。说照片中的动物折射出了远离森林的人类的真面目也不为过。目前宫崎老师的拍摄工作仍在继续，可既然已经有这么多的积累，不妨走进这座"照片森林"，给这些照片配上相应的解说。这便是本书的出发点。

听说宫崎老师近年来爱说自己是"报道自然界的摄影师"。

他凝神审视无人相机捕捉到的证据，悉心解读自然释放的信号。在我看来，称呼他"密林侦探"更加贴切。本书收录了许多这样的证据式照片，堪堪证明了动物们引发的一个个事件。大家都知道，约翰·H. 华生是夏洛克·福尔摩斯的好搭档，也是故事的讲述者。我的水平远不及华生，却也想大胆挑战讲述者的角色，当一次名侦探的推理助手。我将在书中分享与宫崎老师的对话，将密林侦探的精彩故事呈现给大家。

小原真史

第 **1** 章

动物的踪迹

如何找出"兽路"

　　宫崎老师早已养成每天检查无人相机的习惯。为了亲眼看看慕名已久的无人相机系统，我与他一同上了山。检查的内容包括确认相机的运行状态、替换 SD 卡等。我们开车从老师的工作室"鼯鼠庄"（位于木曾山山麓的别墅区）出发，穿过酒店和餐厅林立的街区，朝大山的方向开了一会儿，就看到了一座小休息站。休息站的亭子里放着长椅，站在那儿可以俯瞰伊那谷的风光，不时会有游客光顾，但我们去的时候四下无人。听说附近常有黑熊出没，但乍一看这里并不像超大型动物的栖息地。宫崎老师说，无人相机就装在这里。

嚯咿——嚯咿——

您为什么要这么喊呀？

这是为了赶熊。突然碰见熊是最危险的，我每次进山一边大喊一边走，这样熊就知道有人来了。山里的情况复杂得很，天知道潜伏着什么东西，一定要做好充分的心理准备，告诉自己："跨出车门就等于跨进了警戒区，随时都有可能遇上野生动物。"我经常听说有人下车的时候放松了警惕，迈开步子就往前走，被躲在旁边的熊突然袭击。

我在山里装了很多相机，需要经常上山巡视。越是走惯了的路越要提高警惕。和我不打一声招呼就上山一样，动物也有可能突然走到那条路上来。瞧，相机就在那儿。

居然装在离车道那么近的地方。我们才走了三分钟吧。我还以为您会把它藏在深山里没路走的地方呢。

其实我的相机基本都装在离车道一百米以内的地方。经验告诉我，比起深山老林，靠近马路的开阔地带更容易拍到动物。最关键的是，这样维护起来也方便。无人相机出问题的频率是很高的，要么是蜜蜂、蜘蛛在相机周围筑巢结网了，要么是螺丝松了，要么是电池没电了……还有，我总是在下车时忘了拿螺丝刀和电池，发现机器出了问题再急急忙忙跑回车里取也是家常便饭。反过来说，能把相机放在这个位置，说明动物的活动范围其实很广，否则哪能拍到。

装完相机还不算完，每天的"巡逻"也很辛苦吧。现在用数码相机了，照片数据和拍摄时间都能自动记录。可当年用的是胶片机，需要频繁更换胶卷，拍出来的底片里还会有不少废片，开销肯定很大吧？

换成数码相机以后，管理起来真的轻松多了，成本也降低了不少。以前为了记录拍摄数据，还要特意把时钟、温度计之类的东西放在取景框的角落处，事后再想办法把它们从照片上裁掉。当年我做的系统是只要有东西挡住红外线，相机就自动拍摄，雪花和雨点也会触发传感器，一卷胶卷根本撑不了多久，别提多麻烦了。现在的系统是改进过的，红外线对准动物常走的兽道发射，一旦有体温的动物触动红外线，相机才开始拍摄，闪光灯也同时点亮。不过无论是以前还是现在，拍摄的第一步都是找到动物常走的路。仔细观察动物留下的粪便和脚印四周，能隐隐约约看到一条被它们踩出来的路，这就是"兽道"。人不是有固定的上学或通勤路线吗？动物一样也有固定的行动路线。你看那儿，仔细看，是不是能看到一

《野兔》长野县 1983 年

《日本鬣羚》长野县 1983 年

条路？

　　嗯，说实话，我看不出来。山里的每个地方在我眼里都差不多。应该有标识之类的东西，但我察觉不到。现在我无论往哪边看，都看不出一丁点痕迹，到底该怎么找啊？

　　教你一个窍门吧。观察周围的时候，要把视线放得和动物一样高。比如貉、野兔的视线离地十厘米左右。把身子压低之后再环视四周，呈现在你眼前的就是一个完全不同的世界了，站着的时候绝对看不到这种景象。把自己想象成动物，重新打量一下周围，你会意识到：那边的路好像挺好走的。走过去仔细查看，一条被动物踩出来的路往往果真若隐若现。野猪、梅花鹿这种大型动物的兽道更明显，路也更宽些。这里的机位从熊到人都能充分拍到。积累一定的经验后，你就能逐渐看出动物们的路在哪儿了。

　　这就跟学外语一样，没学之前，别人说什么，听上去都只是一连串音节。但外语水平上去、听习惯之后，你就能明白人家说的意思了。我觉得您找兽道不单单用眼睛观察，肯定也调动了嗅觉，结合了多年积累的经验，才能瞬间完成如此复杂的信息处理任务。完成了这一步骤，原先看不见的路就会悄然显现在眼前。最重要的线索应该是脚印吧？

嗯，不过光找脚印还不行。不是每种动物都有蹄子。野猪和鹿这些有蹄动物比较容易留下脚印，穿硬底皮鞋走路的人也是一步一个脚印。可大多数动物没有蹄子，比如熊、貉、猴子、狐狸……它们和光脚走路的人一样，脚底是软的，很难留下明显的印子，除非踩在雪地、泥地或沙地上。熊的体重有百来公斤，很多人以为它走过的地方肯定会留下巨大的脚印，殊不知熊的脚底有弹性很足的肉垫，摸上去跟海绵或偏硬的橡胶气球差不多，走在普通的地面上完全不会留下脚印。熊的粪便、进食痕迹更容易找到，是宝贵的线索。综合分析这些线索，你就能在周围发现浅浅的脚印，进一步推测出兽道的位置。

有道理，找到一点点痕迹，就能顺着它发现兽道的位置了。不过真让我在一点提示都没有的情况下走进深山，靠自己的本事找，估计也没戏。说白了就是在自然里寻找不自然的地方，可我既不知道什么状态是自然的，也不清楚什么状态是不自然的。

这只能靠长年积累下来的经验。下雪天比较容易判断，脚踩在雪地上会留下清晰的脚印。其他季节就要结合落叶的位置和湿度、植物被踩踏的痕迹、粪便的痕迹、进食的痕迹、爪痕、气味等线索综合判断了。有些地方一年四季都有动物来来去去，有些地方如觅食地点受季节因素的影响，不是总有动物光顾。

《黑熊》长野县 2011 年

《上山干活的人》长野县 2011 年

在森林里放这么大一个装置，还会发出亮光和声响，动物不会起戒心吗？

有的动物会盯着它看，好像在说："哟，这是什么玩意儿？"有的被闪光灯吓得往后跳，不过一旦发现它没什么威胁，大多数动物就不在意了。

看来对相机的反应因物种和个体而异。您的无人相机不怕冷也不怕热，下雨天下雪天也一动不动，任劳任怨，严格按照设定好的程序工作，耐心等待动物经过，这样的助手上哪儿找啊！二十四小时连轴转，时刻做好准备，简直就是您的分身。

现在日本各地有二十多台这样的无人相机在工作，还真像是雇了二十多个优秀的助手。再加上我用的都是二手相机，比雇人便宜多了。自然界在一天二十四小时、一年三百六十五天中不断变化，我一贯的

上.《野猪》长野县 2011 年
下.《狐狸》长野县 2011 年

宗旨是，尽可能做到全天候应对。刚开始我试过把三脚架藏在灌木丛里，人在后面守着，可是一点点衣物摩擦的声音也能引起动物的警觉，一丁点人类的气息就能把它们吓跑，我觉得这么下去不是个办法。而且这么拍太伤身体，我累倒了好几次，最后才用上无人相机。没想到这一用，招来了不少同行的冷言冷语。

原来您是身体吃不消才想到研发无人相机系统的啊。同行的冷言冷语是怎么回事？

有人说："真轻松啊，不用在冻死人的地方蹲着。"有人说："在家喝喝小酒，眯一会儿，相机就自动把照片拍好了，这还配叫摄影师吗？！"还有人说："摄影师不就该自己动手按快门吗？！"更大的质疑是我设置相机的地点，"野生动物最怕人的气味了，才不会跑去登山道附近！"

这些人大概不愿意接受新的拍摄手法，才会产生这样的抵触情绪吧。很多人以为现有的摄影器材就是通用的标准，可早期的相机没有快门，摄影师只用开关镜头盖来拍摄。现在市面上不是已经有液晶触屏相机、无反相机等新产品了吗？摄影手段随着时代和拍摄对象而变化，这是理所当然的。当年又有谁会想到现在连电话上都装着相机。用手指按快门不过是某个特定时代的摄影手法。

当时我的做法招来了各种各样的批判，但我反而觉得很棒。这恰恰说明日本人对动物和生态圈一无所知。

第一次自动拍摄用的是六乘六寸的双反胶片机，只能拍一次。快门和闪光灯被我设成了电动，不用人守在旁边操作。相机暴露在野外，我给它做了个塑料罩子，用来遮风挡雨。费了好大劲儿才设置好的无人相机，第一次成功拍到貉时，我真是高兴坏了。这一过程没人指导过我，这张照片给了我自信。我便开始反复地摸索和试错了。

尼康的员工曾跟我提起，您年轻的时候在相机上打洞、改接线路，然后把弄坏的相机拿去他们公司修，可把他们愁坏了。"不是机器本身的故障，是用户擅自改装弄坏的，这种情况我们可没法保修啊！"（笑）

哎呀，我也有失手的时候。现在回想起来，那时候真是难为尼康了。

给你讲一讲我第一次用无人相机拍摄的故事吧。当时我做了一个装置，在离地十厘米左右的地方拉了一条黑色的缝纫线，貉一碰那条线，相机就会按下快门。但用缝纫线做触发机关只能拍一次。那时正好出了带卷片马达的胶片机，用这种相机搭配红外线光电管，可以实现连拍，拍到好照片的概率能提高不少。于是我照着这个思路不断改进系统。又赶上激光自动门逐渐普及，电梯、大巴车门口都装了激光触发装置，只要人挡住

激光，门就会自动开
关。我心想，如果用
上这套装置，还怕拍
不到动物吗？

　　现在很多公共厕
所的洗手台和便池也
装了红外线传感器。
不过这类装置基本针对的是工业产品吧。

　　嗯，而且没有一款可以在户外使用，只能自己动手来做。
好在我有个擅长电工的帮手替我搞定了电路。至于发射接收红
外线的光电管，是用车床打磨铝材、镀一层膜防止内侧反射、
嵌入稳定光轴的镜片……好不容易才完工。

　　不是直接用现成的相机，而是发挥创意用心改造。那您
的设备被盗过吗，或是出现过拍着拍着整台机器倒在地上的
情况吗？

　　当然有啊！放相机的地方，我都会慎重考察，尽量避开掉
落的石块和倒下的树木，机器表面还得伪装一下，好与森林融
为一体。冬天深山里会下雪，河流的水量比较稳定。夏天就得
当心了，突然来场暴雨，水位一下子就涨上去了，要考虑相机

《工作室》长野县 1982 年

《姬鼠》长野县 1977 年

被冲走的风险。下雨天下雪天镜头容易起雾，蜘蛛、蜜蜂等昆虫可能在机身或镜头前筑巢。一旦发现这样的情况，就只能请它们搬家。在昆虫比较活跃的夏天，我每隔几天就得上山检查相机的状况，还是挺麻烦的。

您会故意把动物引到镜头前吗？

会啊，比如，把它们平时走的兽道挡住，把倒下的树架在小河上给它们当桥用……动物们好像觉得树干挺好走的，我就用树架桥了。

不光要让动物来到镜头前，还得刚好把它们装进取景框，难度还是挺高的。这一带有很多家庭旅馆和酒店，常有游客走来走去。动物会不会走这种频频有人经过的观光道啊？

其实兽道不限于刚才说的那种必须仔细观察才能发现的深山小路，人工铺设的观光道、登山道、马路和建筑物都有可能被动物选中。人类觉得好走的地方，动物也乐于行走，这不是什么稀罕事儿。它们也不想费老大劲儿拨开灌木重新开路。据说，非洲有些村庄离大象的栖息地很近，

《松鼠》长野县 1982 年

当地人干脆把大象走出来的路当马路。在日本也一样，鹿、熊和野猪把路开拓出来以后，貉、狐狸、野兔等体形较小的动物会借道而行。咱们顺便去附近的观光道瞧瞧吧。

这条观光道海拔七百五十米。二〇〇六年，我在这里装上无人相机，拍了大概两年，拍到几十头熊。八十年代那会儿，我曾在离这儿不到三百米的地方设置无人相机，拍了三年却只拍到一头熊。都说二〇〇六年山里没东西吃，可我拍到的熊好多都又肥又壮，毛色也很好。拍到熊的频率高到我都怀疑它们是不是在村子附近住下，在这里生儿育女了。这条路旁边不是有条小河吗？熊应该是渡河过来的。

您怎么知道它们是从对岸来的？

你看河里的石块，有几处表面没长青苔。我猜那些熊八成是踩着石块过来的。正是这样的小线索透露着动物的行动轨迹。

这条观光道附近有很多动物的粪便，一看就知道常有动物经过。我先前把粪便清理干净，用塑料胶带、晾衣夹等做好记号，过了几天再回来看，发现同样的位置上出现了大小不同的新粪便，这说明有好几种动物共用这条路。

《梅花鹿的粪便》长野县 2010 年

于是我装上相机，拍了一阵子。除了遛狗、跑步、钓鱼的人，还拍到了猫、貉、熊、猴子、狐狸、野猪、果子狸和日本貂。这才知道，各种各样的动物自由自在地走在这条路上。

只有人类会用"自然""人工"之类的字眼，动物是不会用词语区分环境的。对它们来说，四周的一切都是自然环境吧。捕食者与被捕食者、大型动物和小型动物在紧邻人类生活圈的地方共用一条道路，这个现象很有意思。人类丝毫没察觉到它们的存在，走路的时候毫无戒备，可是这样的"日常"随时可能变成"非日常"。

数码相机记录的时间显示，有的地方刚有人散步经过，熊就来了，双方差点撞上。熊长了一身黑毛，要是潜伏在灌木丛里，人是很难发现的。很多人觉得，熊的个头儿那么大，走到哪里肯定都很惹眼，殊不知那一身黑正是它的保护色。就算离你只

上：《兽道边的相机》长野县 2008 年
下：《黑熊》长野县 2006 年

有一米远，也很难发现，更何况还有树影遮挡。熊总是等人过去了再出来，换句话说，它们比我们更擅长回避。熊和人狭路相逢的概率明明很高，这一类的新闻却很少。只要留心观察，你就会发现到处都是熊留下的痕迹。从古至今，一直有"野生动物不会经过有人类气味之地"的说法，可照片上拍得清清楚楚，跟人走一条道的动物多了去了。

好比前些天，我在一条主干道旁边看到了一只狐狸。它完全融入了周围的稻穗和夕阳，旁若无人地走在汽车附近。就算平时住在乡下的人，不留心看也不会发现。动物们毫不介意人类的无知，很自然地把桥梁、电缆、砖墙、护栏等建筑物当作它们的高速公路。

动物的平均寿命比人类短。即使人工改造过的自然环境在它们心中也是原始场景吧。因此，兽道不仅限于地面，三维空间的角角落落都有可能成为兽道。兽道不是一开始就存在的，动物的踩踏把某些地方变成了兽道。仅仅基于人类的体力和移动范围来看自然，恐怕很难有您这么深刻的领悟。通过动物留下的痕迹推测这里发生过的事情，预测今后可能发生的事情，还真有些未卜先知的意思。基于预测拍下的照片便成了确凿的证据。

这么说来这一行还真的有点像侦探。要是没有照片作证，观点就没有说服力。我常常是先有某种念头，再想各种法子拍下证据式的照片。

您的相机总能神不知鬼不觉地"捕捉"到猎物，从某种角度看，它的"拟态水平"不是一般的高啊。

没错，就像借用树的眼睛拍照。无人相机能清清楚楚地记录下自然环境的演变过程，它们已成为我不可或缺的重要工具。自然无法开口讲话，但我们可以通过照片解读它，这个过程是很有趣的。

在电线上行走的日本猕猴》长野县 2010 年

走过砖墙的日本貂》长野县 2002 年

《狐狸》长野县 2006 年

《斑点狗》长野县 2006 年

《野猪》长野县 2006 年

《黑熊母子》长野县 2006 年

《兽道边的相机》长野县 1982 年

《配有螺线管的双反相机》长野县 1974 年

《兽道边的相机》长野县 1976 年

《拍摄兽道的自制相机》长野县 1974 年

宫崎老师的工作室鼯鼠庄位于驹根别墅区一角。它给人的印象不同于寻常的工作室，更像怪异的秘密基地。进屋一看，到处是用途不明的金属废料、仪器与电线，几乎没有下脚的地方。在外人眼里这些东西是毫无用处的垃圾，但对宫崎老师来说，它们是不可缺少的宝贵零件，一九九〇年荣获的土门拳摄影奖奖杯淹没在废料堆中……

生态摄影师的工作室

好多人说鼯鼠庄是脏乱差的典型（包括我的家人），可是对我来说，这间屋子是一座宝库，所有用来组装无人相机系统的零件都能在这里找到。我最受不了别人乱扔我屋里的东西，或是不打招呼就进来打扫，搞乱东西的位置。以前屋里还没这么乱，这几年东西越来越多。

就算是已经被淘汰的相机，只要肯下功夫改造，也能变得性能优越，或是成为摄影器材的重要组成部分。我平时专挑二手相机购买。给大家透露一个商业机密，其实无人相机的闪光灯，是从富士的一次性相机"QuickSnap"里拆下来的。我心想数码相机已经这么普及了，拍立得迟早要退出市场，在停产前囤了一大批。以前我还经常去秋叶原淘无人相机用的零件，不过这两年百元店和建材中心也很方便。食品保鲜盒和聚氯乙烯管材特别适合改造成相机和闪光灯的防水罩。

这款特制三脚架的底座是灌满铅的鲭鱼罐头，头部零件来自市面上的普通三脚架。铅是向朋友的公司要的。

用沙丁鱼罐头和鲭鱼罐头改装的"三脚架"
长野县 2017 年

工作室现状 长野县 2017 年

这样处理可以降低重心，即使相机架设得比较低，也不担心会倒，特别好用。从低位拍摄老鼠这样的小动物时，普通的三脚架太高，现成的便携式三脚架又太轻，在森林里用不可靠。

买不了现成的，就只能自己动手做了。这就叫"穷人的智慧"吧。利用手头的素材，让它们发挥意想不到的作用，这不就是所谓的"拼装"。

这么多年下来，我在自动快门系统上花的时间应该是最多的。我一直觉得，拍野生动物，必须用自动快门，一心想让相机按快门。起初是在兽道上拉一条钓鱼用的天蚕丝，设计了一套"动物一碰丝线快门就启动"的系统。找两块薄铜板，中间夹一张纸用来阻断电流，纸上系着线。这条线和兽道上的天蚕丝相连。动物一碰天蚕丝，纸就会被扯出来，两块铜板接触后形成电流。电流带动小型马达按下快门。

可惜这套系统经常失灵，于是我改用了市售的微型开关。动物碰到天蚕丝，牵动微型开关的拨片，发出电子信号，搭配车门锁使用的电磁阀，带动马达。改进后的系统相当好用，只是天蚕丝一断，整套系统就罢工了。这么下去也不是办法，我又买来一种叫"红外线光电管"的零件，做了一套红外线传感装置。把双反相机拆成单反，用车床切割铝材，并在铝材表面镀膜以免反光……别提多费事了。后来还加上了能够感应动物体温的热释感应开关、工业产品专用的红外线传感器等，不断升级硬件。

想在瞬息万变的自然环境中拍到理想的照片，还得根据需要给无人相机做些附件。比如遇到气温骤变，相机的防水罩容易起雾，好不容易盼来了动物，却什么也拍不到。针对这种情况，我想了个办法：在镜头外侧贴一圈镍铬电热丝，定时加热除雾。

但是温度太高也不行，会把塑料零件烤化，我又搭配定时器，定时让镜头冷却。原理跟挡风玻璃的除雾器一样。

贴在镜头外侧的镍铬电热丝 长野县 1982 年

拍摄兽道的自制红外线光电管装置 长野县 1974 年

　　方材和板材也很常用。直接在拍摄现场用锯子将木材裁成合适的形状,方便加工。这些零件和材料有向熟人要的,也有我自己买的,常备在家里。

　　为了拍出理想的照片,用心琢磨,反复试错,动手制作。对我来说,这个过程是最开心的。拍照的瞬间我并不在场,结果如何全看装置各部件的配合,以及准备工作到不到位。

　　简单来说,原创照片离不开原创器材。只靠市面上的器材,拍出的照片样式始终有限,再怎么努力,都和别人的差不多。要成为一个独立自主的摄影师,必须掌握一定的机械知识与技术。当然,只看硬件是不行的,没有好的软件,硬件的性能也无法发挥到极致。有了这套无人相机系统,谁都能拍出精彩的照片吗?那也未必。

走山路的时候，宫崎老师总是非常小心谨慎，边走边喊驱赶黑熊。他十多岁开始上山摄影，这么多年一直没有出过大事故，谨慎也许就是原因之一。近年来，野生动物袭击人类的事时有发生，我决定向老师请教：怎样走山路才能避免这样的惨剧。

走山路，有技巧

我一直觉得，动物出现在什么地方都不奇怪。比如，黑熊一旦察觉到附近有人，就会压低身子，一动不动。这样就算人离它只有三五米，也能平安躲过。换句话说，往往是熊发现了人，人却没有发现熊。要是人毫无知觉继续往前走，逼得熊无路可逃，它就会果断发起攻击。我在山上边走边喊，就是为了防止这种情况发生。只要像唱牧歌似的，不断发出尖锐而有穿透力的声音，大多数动物就会提高警惕，意识到：有人来了！接着确认声音的源头，估算自己和人之间的距离。一旦认定"人还离得很远，来得及逃跑"，就飞速逃开，躲到安全的地方。这是动物的本能。提前发声，可以让动物从容地做出判断并采取行动，我一直保持着这个习惯。

走到视野不开阔的地方，我会先大喊几声，再往前走。万一那里有动物没察觉到我，也能在听到声音后做好逃跑的准备，不至于跟我撞个正着。关键在于用"复眼"[1]分析现场的地形与环境，预测各种可能发生的情况，谨慎行动。这和视野不好的林道弯角常有"提前鸣笛"的标识是一个道理。

---

[1]呈蜂巢状多个小眼集合的眼，见于节肢动物及多毛纲动物等。本书中的"复眼"指，以有别于人类的视角（即动物的视角）观察环境。

踩着树干过河的宫崎学 长野县 2012 年

　　不过我平时走的山路跟大家想的不一样，都是没有修过的。走着走着发现前面塌陷了、树倒下来把路给堵住了，或者放眼望去全是灌木，没法走……这都是家常便饭。我上山的时候会把小锯子、柴刀和园艺剪刀系在腰间。园艺剪刀很好用，有小树枝刮到脸，就咔嚓咔嚓把它们剪掉，特别方便，我已经离不开它了。蜘蛛网弄到脸上最让人恶心，每次走到树木比较茂密的地方，我都会拿一根一米左右的小树枝，一边在面前挥舞一边往前走。我的背心和大衣里有好多这类小道具。人的嗅觉、听觉和其他感觉不如动物灵敏，只能借助工具，时刻竖起"天线"，防范前方几米、几十米可能有的东西。

一天，宫崎老师的工作室遭了贼。工作室做了很多针对"人类小偷"的防盗措施，但在"动物小偷"看来却漏洞多多，所幸损失不大。这位小偷到底是何方神圣呢？

工作室进"贼"了

那天回到工作室，我发现房间里有疑似动物的粪便和尿渍，还有没啃干净的苹果。宝贝器材的电线缆绳也被啃了。一看粪便的大小，立刻能断定是小动物干的，可家里的门窗

偷苹果的日本貂 长野县 2007 年

都锁得好好的。"可恶，它到底是怎么进来的？"我越想越纳闷，仔细检查了一圈，最后在换气扇下方发现了蛛丝马迹：换气扇下方接着电线，电线旁边的土墙上有几处墙皮剥落留下的白点。

"哈哈，原来是从这儿进来的！"我立刻在房间里装了无人相机，没几天就拍到了这位小偷——日本貂。墙皮上的白点是被它抓的。当时我猜它是从换气扇叶间的缝隙钻进来的，然后顺着电线和窗帘一路爬行，便在相应位置架上无人相机，将日本貂的入侵路径看了个清清楚楚。它大概是在外面闻到了屋里苹果的香气。钻进来容易，出去就难了。它发现换气扇的缝隙太小，没法叼着整个苹果出去，慌得在屋里乱转，在好多地方留下了尿液，墙上还有啃咬的痕迹。最后，它可能发现换气扇是唯一的出口，只能撂下苹果逃之夭夭。不过，动物只要得手一次，就会用同样的方法尝试第二次、第三次……这不，第二

次行窃的时候，它特意把苹果啃掉一半，这样就能叼着剩下的苹果从换气扇那里出去了。

左：从换气扇进屋的日本貂 长野县 2007 年
右：从换气扇逃跑的日本貂 长野县 2007 年

过了一阵子，下雪了。玄关附近的砖墙上积了一层雪，雪上清清楚楚留着日本貂的脚印。砖墙的顶部平坦，非常好走，"小偷"大概是把它当立交桥用了。我赶紧在附近装了带广角镜头的无人相机，果然拍到了正要进入房间的日本貂。

工作室附近有家荞麦面馆。店老板跟我抱怨说，有只日本貂（应该不是偷我家苹果的那只）从换气扇钻进来，把厨房搞得一塌糊涂。看来这两个小家伙想到一块儿去了。其实兽道不止户外才有，动物会巧妙地利用室内和房屋周边的建筑结构。它们的活动路径是三维立体的，只要方便好用，它们都会利用起来。你根本想不到什么地方会变成兽道。

宫崎老师在公路边的U型水泥沟里装了无人相机，我跟着他去现场查看情况。听老师说，经常有动物掉进沟里爬不上来。水泥沟就像布设在山林和公路分界线上的长长的陷阱。

人类无心布下的陷阱

　　公路边的U型沟有顶板，我把无人相机装在U型沟道里，车在上面走，人从外面看不见沟里的情况，谁都不会觉得奇怪。我缩进沟里就能检查相机，工作也轻松不少。不过相机一定要牢牢固定，否则一下大雨就会被水冲走。水沟是山林和公路的分界线，也是一座陷阱，不停地有小动物掉进去。沟底和两壁都抹了水泥，表面十分光滑，貉、老鼠和野猪的幼崽一旦掉进去就爬不出来，要不了多久就会死去。

　　有一段时间，冲绳北部的山林地区经常出现冲绳秧鸡、日本地龟等珍稀动物掉进沟里出不来的情况。为了解决这个问题，当地人把水沟的一侧立壁改造成斜坡状，或只是不再建得那么陡，方便动物爬上来。

　　我曾在水沟里拍到捉虫吃的日本猕猴。就算水沟两壁是九十度的垂直面，它们也能毫不费力地爬出来。这样看来，也有动物把水沟当作"食堂"或"高速公路"。

　　日本各地的公路旁边都有这种三面水泥的U型沟。对一部分动物而言，水沟对它们的生命安全造成了巨大威胁，掉进水

日本猕猴 长野县 2016 年

沟就等于丢掉小命。水沟随处可见，没人会注意到它，更不会想到要去关心水沟引起的问题。我在这些地方架上相机，就是想拍下由动物上演的悲喜剧。我盼着能拍到下雨天动物尸体被水流冲来的画面，可相机的红外线传感系统只对体温产生反应，抓拍有一定困难。如果被水冲过来的动物尚存一丝体温，说不定还能拍到。

马路和水沟生生割裂了动物的栖息地。动物越过这条界线，容易发生事故。人类习以为常的建筑工事可能成为动物的陷阱。

为了拍摄猫头鹰做的事

　　我们驱车前往宫崎老师拍摄猫头鹰的地方"猫头鹰谷"。老师把车停在了一个荒芜的地方，我们下车走上旁边的小路。这条路以前好像是田间小道，现在长满了杂草。昨晚落下的雨滴还挂在草叶上，打湿了我们的裤脚。走了一小会儿，眼前出现一片开阔地带，一条小河蜿蜒流经。笔直的道路两旁隐隐浮现田间小道的旧日痕迹，不仔细看发现不了。在粮食匮乏的年代，人们曾把这座小山谷开辟成农田。如今随着人口密度逐渐下降，这里被弃耕，连个人影都没有。我们又走了二百来米，到了目的地——猫头鹰谷。谷底大约五十米宽，一度是猫头鹰栖息的"森林摄影棚"。

这个地方叫中川村，是我出生的地方。十多岁的时候，这里还有人种梯田，当时我总嫌地里的黑斑蛙太吵。现在这里空无人烟，只有猎人光顾。有一次，我在这儿遇到一位正在干农活的老婆婆。她当时已经八十八岁了，她说这附近有猫头鹰的窝。问她是怎么知道的，原来是小时候听她爷爷说的。那就意味着早在老婆婆的上上辈生活在这里的时候，猫头鹰就在用这里的树洞做窝了。我清楚地记得自己当时的感慨：这一百年间猫头鹰世代都住在同一个树洞里，好厉害啊！

这里的猫头鹰主要吃什么啊？

你也看到了，这一带都是梯田。地里到处是黑斑蛙，猫头鹰就抓它们吃，弄得爪子上都是泥。猫头鹰本以田鼠为食，可这里的猫头鹰抓回窝里的都是黑斑蛙。十几岁的时候，我做梦都想拍到猫头鹰抓田鼠的照片，但拍来拍去都是浑身泥巴、脏兮兮的猫头鹰，真是让人伤心。也许是因为这座山谷纵深一千多米，梯田散布，再加上当时的人种水稻不用农药，地里有很多黑斑蛙。一到晚上，它们就开始响亮的大合唱，几乎盖住了猫头鹰的叫声。小时候我老嫌黑斑蛙吵，可现在看着被弃耕的梯田一点点还原成山林，又会觉得当年拍的那些黑斑蛙的照片承载着时代的记忆，非常珍贵。

从某种角度看，有些照片就像老酒，越陈越香。有些东西的价值必须经过时间的洗礼才能显现。

那是五十年前的事了，有年头了。猫头鹰是夜行动物，当年没什么人拍。它们如何在黑夜中飞行，在哪里停留，怎么叫，怎么繁衍后代，不知道的事情太多太多。好奇心燃起了我的挑战欲，我非要搞清楚它们的生活模式不可。十几岁的我攒着一股劲儿去拍猫头鹰，整晚整晚扛着长焦相机不睡觉，可取景器里一片漆黑，什么也看不到，碰了一鼻子灰。

手动操作相机很难拍到猫头鹰，七十年代您完成无人相机系统之后，便再度向猫头鹰抓拍工作发起挑战。真有些小试牛刀的感觉。

挑战肉眼不可见的世界，以照片的形式将其呈现。这种欲望变得越来越强烈，当时我也三十好几了，想趁这个机会拼一拼自己的技术，于是决定先拿猫头鹰试手，看看自己到底能拍出什么东西。

我料到这会是一场持久战。首先要解决的问题是，如何在猫头鹰夜间光顾的地方装上照明灯。猫头鹰是夜行动物，我必须先观察它们是怎么活动的，才能设法展开下一步的工作。怎么办呢？我先找了一块车载蓄电池，接了几盏十二伏电压就能点亮的车内荧光灯。我发现，十米以内的东西还能勉强看见，再远一点就不行了，乌漆墨黑的。光靠肉眼还是不太稳妥，于是我用上了夜视望远镜，可效果还是不理想。干脆立几根电线杆，把电线拉进山里算了！我查了查拉电线的费用，发现如果跟电力公司签一年以上的合同，对方最多可以免费立六根间距四十米的电线杆。前二百四十米的问题算是解决了，但离猫头鹰谷还远，只能自己立木头电线杆，把线路整整拉长一公里。山谷里没有住户，这部分开销只能自掏腰包了。线拉得那么长，难免会使电压降低，我就用调压器调节电压。只是那款设备容易出故障，现在回想起来，当初冒的风险真不小。

搞定照明后，我开始观察猫头鹰，同时构思拍摄方案。

拍猫头鹰的前期投入可真不少啊。不过您的影集《猫头鹰》（平凡社，1989 年）拿到了第九届土门拳摄影奖，说明投资还是有回报的。当时的经济大环境比较好，成功的背后离不开时代的推波助澜。话说回来，用来拍摄的"观鸟小屋"只有一间吗？

不大胆投资，是不可能有回报的。不过，我做的事情是发自内心的，不会带来额外的工作机会（笑）。

当时我在能看见谷底的山坡上搭了三间小屋，每间相隔一定的距离。冬天太阳下山以后会很冷，我特意把屋顶压低到只够坐直身子的高度，这样屋子会暖和一些。为了保存体力，我还随身带着尿壶。到了夏天，屋里会变得非常燥热，我只好将榻榻米塞进天花板和铁皮屋顶之间，代替隔热材料，好不容易扛过了那段日子。那会儿我每天都守在小屋里，一边用望远镜观察猫头鹰的飞行路线和生活习性，一边构思拍摄方案。资金上基本算是拆了东墙补西墙，一停下来就面临破产，好在当年的稿费比现在多，愣是这样坚持了十来年。

最疯狂的时候，我一年里足足有两百天是在观鸟小屋里度过的，每分每秒都想着拍猫头鹰。不过就算再疯狂，我还是很注意身体，困了不会硬撑，想睡就睡，让身体放松。年轻的时候，我生怕在等猫头鹰的时候睡着，拼命喝咖啡，喝出了胃溃疡。还曾经逼着自己在很冷的地方拍摄，最后住进了医院。这一次我特别小心，从一开始就很注重健康。

人们常说，照顾好自己的身体也是工作的一部分。可以说，是年轻时栽过的跟头为您成为无人相机摄影师奠定了基础。不过一年两百天都待在小屋里也太厉害了，跟和猫头鹰住在一起没什么分别。您不是躲在远处借助长焦镜头捕捉野生动物，而是在山里搭了个私家摄影棚，把猫头鹰引到您的地盘。好不容易把舞台搭好了，要是"模特"不走进镜头，就没法拍照了。您是如何让猫头鹰放松警惕，时不时光顾这里的呢？

首先，我在山谷里支了几根枯树枝当栖木，把小型传感器装在上面。猫头鹰一来，传感器就会发送信号给电磁计数器。这样我不用蹲守，也能知道猫头鹰一晚上来了几趟。半夜三更，

《观鸟小屋》长野县 1985 年

《观鸟小屋内部》长野县 1984 年

除了猫头鹰，不会有别的动物停在那些木头上。根据每根栖木上猫头鹰的停留次数，我就能分析它们的行为倾向，制订拍摄计划。如果现在再让我搭一套这样的系统，我会用百元店的计步器。焊一条电线进去，它就能变成电磁计数器，简直太方便了。下一步是撤掉猫头鹰不太停留的栖木，留下它们喜欢的，作为模特猫头鹰专用的拍摄小道具。要是猫头鹰被快门声和闪光灯吓到，就拍不出好照片。于是，我在栖木旁边装了喇叭和照明灯，猫头鹰一站上去，喇叭和灯就会启动，让猫头鹰慢慢习惯。不过说来说去，最费神的还是灯光，我可没少研究。有一次，画家朋友原田泰治带我去脱衣舞剧场玩，我光顾着抬头看剧场的灯光，原田教训我说："阿学，你看哪儿呢！"

这真是一段有趣的故事，为了猫头鹰如此刻苦钻研，这世上恐怕只有您了（笑）。

您的方法其实是把有人工照明与声响的环境转化为"自然"。猫头鹰素有林中智者的美誉，您的光打得很棒，拍出了那份神圣感。搭建谷底摄影棚的时候，您是怎么想到人造栖木呢？

我在一本书上看到，江户时代，人们为了驱赶破坏庄稼的老鼠，会在田里立几根木头给猫头鹰落脚，方便它们抓老鼠，这是利用天敌驱除鼠害。栖木立好的第二天，猫头鹰就来了。为了测试拍摄效果，我在栖木上放了个猫头鹰模型，没想到拍着拍着，居然真有一只猫头鹰停在了模型上，便拍出了一张很有趣的照片。猫头鹰能在树上左右扭头，三百六十度无死角环视四周，觅食的效率相当高。一旦发现猎物，它们便静悄悄地冲下去抓。仔细想想，猫头鹰写成日文汉字不是"枭"吗？这个字真是太形象了，"木"上叠一个简化的"鸟"字。中国人也许就是根据猫头鹰停在树上的形象创造出这个汉字。也有人说，古人把猫头鹰的死尸挂在树上吓唬小鸟，久而久之就演变成了这个字。

这是绝对的"名副其实"。古代有一种刑罚叫"枭首"，是把人头砍下来挂在树上。之所以用"枭"字，可能因为挂在树上的人头看上去像猫头鹰吧。

在您拍摄的作品中，栖木就像舞台，猫头鹰是舞台上不停变换姿势的演员。您不光负责拍摄，还兼任导演、灯光师、器材师、道具师……工作量可真不小啊。

不过，您成天在猫头鹰的栖息地转悠，它们不会对您起戒心吗？

有一次，我换胶卷的时候放松了警惕，后背上挨了一脚。猫头鹰的爪子非常锋利，连野兔都能轻松抓住。为了保护眼睛，我去百元店买了个漏水网罩在脸上。大多数时间我会用望远镜观察它们，实际负责拍摄的是没"人味儿"的无人相机系统。猫头鹰慢慢适应了与我共处的状态，最后我可以走到离它只有

《停在模型上的猫头鹰》长野县 1988 年

《猛冲下来的猫头鹰》长野县 1988 年

三米远的地方，和它"大眼瞪小眼"。它们大概觉得"这家伙不会伤害我"。在我的印象中，猫头鹰不靠长相和衣着，主要以脚步声分辨人类。无论我穿什么，它们对我的态度都一样。每个人的走路习惯不同，脚步声也不同，这是它们可靠的判断依据。

据说猫头鹰的视力也好得吓人。日本人管夜盲症叫"鸟目"，可猫头鹰完全没有这方面的困扰。作为猛禽，它们的夜间捕猎能力相当出色。

正因如此，我在实际拍摄的时候动了不少脑筋。比如，在拍摄点设置红外线装置，只要猫头鹰飞上栖木，快门就和闪光灯同时启动。我还在它们的飞行路线上拉了吸收光线的黑色棉丝，这样拍出来的照片里就看不到丝线了。日本不是有句谚语叫"狗走在路上也会被棒子打"[1]，我以它为灵感，搞了一套"猫头鹰飞在天上也会碰到线"的系统。这里空间开阔，不仅有猫头鹰，蝙蝠和其他野鸟也经常光顾。

说白了就是精准锁定隐藏在空中的兽道。先预测猫头鹰的飞行路线，再在相应位置拉线。只要它们的翅膀一碰到线，快门就立刻启动。埃德沃德·迈布里奇[2]也用过这个方法，

---

①原文为"犬もあるけば棒に当たる"，意为树大招风。
② Eadweard J. Muybridge（1830—1904），英国摄影师，因使用多台相机拍摄运动中的物体而著名。

他在跑道上拉了好多根线，摆上一排相机，马一碰线，相机就自动拍一张照片，成功实现连拍，捕捉到马儿疾驰的瞬间。这么看来，摄影师把按快门的权力交出去是有先例的。相机可以捕捉到超出人眼视力范围的细节，埃德沃德·迈布里奇拍那套照片前，人们还不知道马在奔跑过程中四肢是如何运动的。

美国有位叫乔治·希拉斯[①]的摄影师，人称"动物摄影之父"。他和活跃在同一时期的摄影师们设计了一套无人相机系统，在诱饵上拴线，线连着快门，只要动物扯线，快门就会启动。一百多年前的摄影师能有这样的创意实属难得，但这难免会将装置拍进照片，这套方案还不够完美。您使用的红外线相当于没有质感的丝线，黑色棉线能完全融入黑暗之中，可以说是一种存在却不可见的丝线。

没错。看到照片我发现，猫头鹰抓到老鼠的一刹那会闭上眼睛，保护眼球。抓捕的瞬间它会猛地张开翅膀"刹车"。这些细节肉眼绝对无法捕捉。我的主要拍摄工具是搭载红外线传感器的无人相机，但树洞里的照片是我一边听猫头鹰叫，一边用遥控器控制快门拍下的。猫头鹰做窝之前，我就把无人相机系统装进了树洞。当年用的还是胶片机，我在相机里装了有

---

① George Shiras（1859—1942），美国摄影师，敏锐的动物世界观察者，野生动物摄影先锋。

《猫头鹰的袭击》长野县 1974 年

《宫崎与猫头鹰的纪念合影》长野县 1988 年

《猫头鹰捉田鼠的瞬间》长野县　1988 年

二百五十张底片的胶卷盒。

从大鸟做窝到小鸟离巢，只能拍那么多张照片，在如此严苛的条件下，您是如何以猫头鹰的叫声为依据拍照的呢？

胶片总共只有二百五十张，一张也不能浪费。我看不见树洞里的情况，只能想象猫头鹰在树洞里干什么。凭借什么想象呢？叫声是唯一的线索。经过反复研究，我渐渐能通过叫声解读猫头鹰的语言与行为。根据我的观察，出门觅食的雄鸟和守在窝里的雌鸟会用约十六种叫声交流。雄鸟有喉囊袋，可以像吹气球那样把喉囊袋吹起来，发出富有穿透力的声音，两公里以外都能听见。但雌鸟没有喉囊袋，只能发出轻微的、沙哑的叫声，最多传个百来米。它们有时候叫得响，有时候叫得轻，我根据叫声揣摩它们的行为，找准时机按快门。加上我离鸟巢二百米远，拍照全靠遥控，每一次机会都必须严肃对待，错过就不能重来了。

我还往树洞里装过麦克风，想听听外面的声音传到树洞里会变成什么样。这才知道树洞就像集音器，我能听见两公里开外农家的狗叫，也能听到邮递员骑着摩托驶过。如果有动物在树洞周围活动，我能通过麦克风听到它们

《白天的猫头鹰谷摄影棚》长野县 1982 年

的脚步声。更何况猫头鹰的耳朵左右不对称，能够三维立体地捕捉周围的声音。

我们常说"侧耳倾听"。人的耳朵左右对称，听不清楚的时候就歪一歪头，调整双耳的位置判断声源。手搭在耳朵边上，相当于在耳朵周围临时做了一个形似树洞的集音器。这么看来，我们下意识的动作是有理可循的。

很多书上用"嚯——嚯——"形容猫头鹰的叫声，不过这种鸟比较特殊，不同地方的人听到的叫声不同，形容方式相当多。从前东京周边到信州一带的居民觉得猫头鹰的叫声是"noritsukeho-se"[1]，因此，当地的孩子们直接叫它们"刷糨糊"（《野鸟杂记》，柳田国男，甲鸟书林，1940 年）。猫头鹰是受人敬畏的灵鸟，这一印象八成源自它们回响在森林深处的神秘叫声。

那么，猫头鹰的叫声有哪几种呢？

首先以"雄鸟叫、雌鸟应"为主。比如一个说："我肚子饿了，快带点吃的回来！"另一个答："正找着呢！"或是一个说："我带吃的回来了，你在哪儿？"另一个答："在这儿呢！快拿来！"还有表示"提高警惕"的叫声。到了雏鸟离巢的时候，大鸟会用叫声表示："别再上这儿来了！一边儿去！"可能因为

---

[1]日语音，意为"刷上糨糊晾一下"。

《给孵蛋的雌鸟送田鼠的雄鸟》长野县 1984年

《猫头鹰宝宝》长野县 1984年

每天晚上都竖起耳朵听，渐渐地，我能通过叫声猜出它们在干什么，看不见也不碍事。

您是去猫头鹰山谷"留学"了一阵子，掌握了猫头鹰的语言。摄影师免不了偏重视觉，但您拍摄的时候不光用眼，还动用了其他的感官：耳、鼻、身……全用上了。从这个角度看，您跟每天调动所有感官应对生存竞争的动物有不少共通之处。

对了，您去拍摄的时候，山谷里应该已经没有能让黑斑蛙大量繁衍的梯田了吧，那猫头鹰平时都吃些什么？

不瞒你说，准备猫头鹰的食物才是最难的环节。除了观鸟小屋，我另外搭了一间小屋子，用来养老鼠喂猫头鹰，面积有两张榻榻米那么大（约合三点二四平方米）。我不光是猫头鹰舞台剧的编导，还兼任助理编导，亲自给它们送饭（笑）。只是老鼠繁殖过程很不顺利，害我吃了不少苦头。

通过对猫头鹰的观察，我发现，九月到十一月上旬，它们平均每晚要吃三十多只老鼠，一年下来就是两千五百多只。这意味着我必须"批量生产"老鼠，否则根本不够它们吃。为了提高繁殖效率，我想过不少办法，专门买了一批医学实验用的小白鼠，没想到这种老鼠一点都不好养。一开始我把刚生产完的母鼠和它的孩子放在一起，与其他老鼠隔离。可不知道为什么，只要一隔离，母鼠就会把自己的亲骨肉吃掉，和其他老鼠放在一起反而相安无事。我还发现，刚生完一窝的母鼠容易受孕，可能因为子宫刚清空，状态比较好。于是，我看准机会把公鼠送进去，让它们多交配。孕期大概是十七到二十一天。老鼠尿气味很重，饲料很花钱，屋里不能太热也不能太冷，真是屡战屡败，屡败屡战。

拍猫头鹰还得掌握人工繁殖老鼠的技术，这难度也太高了。比起拍摄本身，前期准备竟然这么花时间。这么看来，无人相机系统既有"猎人"的属性，又有"农夫"的属性。得先花时间耕耘，才能收获作物。想拜您为师的人，恐怕在前期准备阶段就打起退堂鼓了。

可不是嘛，人家想学摄影，来了却发现要从养老鼠学起（笑）。对了，有一次，青蛇溜进了小屋，把我好不容易养大的老鼠吃了。我把蛇抓住，丢得老远，没想到两三公里对它来说根本不算远，轻轻松松又找了回来，逼得我把它丢到十公里以外，总算没再光顾。还有一次，青蛇钻进小屋美餐一顿，临走时被自己鼓起来的肚子卡在洞口。屋里的老鼠就把蛇头啃掉了，只剩一截尾巴逃了出去。

好惨啊，吃多蜂蜜卡在洞口的小熊维尼比它幸运多了。不过这是个真实故事，更有警示意义。多亏了您，猫头鹰谷的老鼠数量才有了保障。

后来我在谷底铺上混凝土板，吸引田鼠在板子底下做窝。要让田鼠"安居乐业"，得先为它们创造一个不漏雨的环境。有了混凝土板和铁板，本性会驱使它们钻到下面做窝、挖隧道。我在山林里看到田鼠把窝建在被风吹倒的树下，于是想出了这个点子。被风吹倒的树都不粗壮，留给田鼠的空间有限，我铺设的混凝土板或波浪形铁皮面积比较大，能吸引更多田鼠放心住下。

田鼠的繁殖高峰在春秋两季，和猫头鹰的进食高峰完全吻合。猫头鹰秋天吃得多是为了储备营养过冬，春天吃得多则是为了繁衍下一代。春天各类植物一齐萌芽，田鼠吃这些新鲜的嫩芽，跟吃沙拉似的。春天的昆虫比较多。对田鼠来说，昆虫的尸体是宝贵的蛋白质来源。加上春天气候宜人，田鼠一般选在这个时节繁殖。因此，有大量田鼠可以吃，刚离巢的小猫头鹰也不容易饿肚子。猫头鹰大概计算过，知道春天多抓点田鼠也不会对它们的种群造成致命的打击。

至于秋天的繁殖高峰，就和植物结果有关了。冬天来临前，田鼠有的是谷物可吃，趁机繁殖再合适不过。田鼠一多，猫头鹰也能放开肚子吃了。

捕猎与被捕猎者的增减趋势完全相同。它们和植物的生长周期也吻合。

没错。秋天猫头鹰吃得多，下的蛋也多。吃得少的话，下的蛋也少。说不定它们可以借助体内的激素之类的东西计算出半年后自然界的老鼠是多还是少。在动物界，一岁以下的个体最容易丧命。刚离巢独立的小猫头鹰必须趁秋天掌握捕猎能力，否则就熬不过食物匮乏的冬天了。因此，秋天对它们来说是非常关键的时期。秋天的繁殖高峰应该说是自然母亲的馈赠。春天为猫头鹰提供了充足的食物，是它们繁衍后代的时节；秋天则为小猫头鹰提供了大量的猎物，是它们走向独立的开端。

无论是老鼠疯狂繁殖，还是猫头鹰数量直线上升，都会破坏自然的和谐，两者互相牵制，保持着微妙的平衡。

您的观鸟小屋里有哪些装备啊？

除了摄影器材，还有食物、调料、厨具、瓦斯炉、睡袋、洗漱用具，等等。生活和摄影必需品一应俱全。毕竟我一年要在里面泡二百天。一直观察很耗体力，我装了几个蜂鸣器当闹钟，猫头鹰一来，它们就会响，效率提高了不少。后来我渐渐习惯了，基本上能在傍晚到半夜一点之间搞定所有工作。从小屋接出去的线连着五台相机，镜头统统对准猫头鹰求偶的树枝。听到求偶的叫声，我就按下遥控器的开关，所有相机同时启动，总有一台能拍到好的照片。

简直跟千手观音一样！和拍树洞的时候相反，这次用的是"机海战术"。如果摄影师过度依赖量产的标配型产品，

《雪落猫头鹰》长野县 1985 年

只会用现成的工具，就无法根据拍摄对象和场景需要调整器材。只有在现有设备的基础上发挥创意，取长补短做出微调，才能充分应对千变万化的拍摄环境。

正所谓"适材适所"。我提前把想要的构图和想拍的姿势画成"分镜图"，贴在小屋的墙上，拍到一张就撕一张。等墙上的分镜图都没了，拍摄工作就结束了。

真没想到您是先画草图，再照着草图拍照。"按快门"的是动物，照片构图会有比较大的偶然性，您竟能预先想好照片画面，聚焦未来，把动物"嵌"进构思好的框架里。人没法直接和动物沟通，要实现理想的效果不是一般的难，离不开缜密的预测和周到的预演，非常考验基于长期观察与分析得来的"预判力"。从这个角度看，您的这些工作和猎人有几分相似之处。

但猎人的终极目标是捕杀猎物，我的目标则是拍摄动物，用相机捕捉它们有趣的身影。猎人以击毙猎物为首要任务，不会特意观察动物的习性。而我以相机拍到的画面为线索，顺藤摸瓜，深挖动物的习性与自然的机制。

68

《夜晚的猫头鹰谷摄影棚》
长野县 1982 年

《观鸟小屋外观》长野县 1982 年

照片里的动物是我的老师，让我学到无数的知识。

《用食物求爱的猫头鹰夫妇》长野县 1988 年

《在草丛里捕获猎物的猫头鹰》长野县 1988 年

《抓到田鼠的猫头鹰》长野县 1987 年

除了森林里的相机，工作室鼯鼠庄的院子里还摆放着大小各异的摄影组合装置。不知道的人大概会以为这里是疯狂发明家的秘密基地，或是大件垃圾的堆放处。实地安装无人相机前，宫崎老师会在院子里试拍。院子里不只能见到各种鸟类，日本小鼯鼠、日本貂、老鼠、松鼠、猴子等动物也经常露脸。

把院子做成摄影棚

这个院子既是资材堆放处，也是拍摄实验室。我会把野生动物引到镜头前，试着拍拍看。在森林无人拍摄的时候，免不了遇到昆虫、植物、风雨等伏兵的突袭。正式安装相机前，我会在院子里确认器材的防风、防水性能，看看气温与湿度的变化可能引发哪些问题。尤其是镜头，一直暴露在外，很容易因温度的变化而起雾结露，我一般会根据测试结果选择长度适当的遮光罩。

和自然打交道，它才不会顺着你的心意来。我必须反复试验、收集数据，确定相机能挺过各种天气的考验再开工，不会直接把相机丢到野外。

院子里放了些森林里捡来的橡果、胡桃、葵花籽，还有被扔掉的面包、过期的方便面等，供动物们享用。我不可能天天往山里跑，在自家院子就方便多了，想怎么折腾就怎么折腾，不需要征求别人的意见。

比如这套装置，就是在相机附近插好栖木，以便捕捉乌鸦的飞行姿态或松鼠起跳的瞬间。我什么也不用管，机器会自动拍下一张又一张照片。动物们对橡果、栗子和胡桃的质量要求很高，

拍摄老鼠跳跃瞬间的装置 长野县 2016 年

只挑饱满的带走，害得我每到秋天要费好大力气给它们捡吃的。

院子里还有专门拍摄老鼠的装置。表面太光滑，老鼠待不住，我就找了块生了苔藓的石头给它们垫脚。只要石头的位置恰到好处，捕捉老鼠跳跃的瞬间时就不会拍到"后台布景"了。加上背景比较暗，谁都猜不到照片是在自家院子里拍的。老鼠动作非常快，要准确对焦，保证主角在取景框里它该在的位置上，很考验技术。

总而言之，"把动物请到相机跟前"是一切的前提。要达到这个目的，就得狠下功夫。

我的拍法有点像棚拍，走自然路线的人肯定要说"宫崎净搞歪门邪道"。动物不光被食物吸引，把动物的毛发放在院子

松鸦 长野县 2014 年

里，小鸟会拿去做窝，还挺有意思的。给我家狗梳毛的时候，
我会把掉下来的毛收集起来。到了春天，忙着做窝的大山雀就
会来一个劲儿地搬材料。我还找来一个海上用的球形浮标，打
好洞挂在院子里，希望小
鸟来定居。没过多久，真
的有鸟住进去了。光听我
说，大家可能觉得这些没
什么难的，但其实每种动
物对窝的要求不一样，连
洞口大小都很讲究。人类

杂色山雀 长野县 2015 年

山斑鸠 长野县 2015 年

把围起来的地方叫"院子",但动物才不在乎什么围墙,它们来去自由,擅于利用环境。至于食物和筑巢的材料,就当是付给它们的"模特出场费"吧。

栗耳短脚鹎 长野县 2015 年

年轻的时候,我便梦想着在身边搭个这样的摄影棚,想怎么拍就怎么拍。摄影棚多为拍人像服务,裸体像、肖像照和纪念照都是在这里拍出的,那我弄个"野生动物摄影棚"也没什么不好吧。只是动物不听人的指挥,要让它们按你的想法摆造型,一定要有恰当的构思和巧妙的设计。这样看来,我家的院子是个确认自我综合能力、不断摸索拍摄手法的好地方。

动物住所二三事

　　为了调查动物们的"居住情况"，宫崎老师选了个地方来定点观测。我们开着四驱车爬上青草覆盖的滑雪场山坡，在半山腰下车，走进一侧的密林。一座高大的脚手架映入眼帘，有点像施工现场。一棵树旁架着用铁管搭的梯子，踩着它能爬到两米多高。冬天坐缆车上山滑雪的游客说不定能看到这个地方。乍一看，应该没人知道这个装置是干什么用的。脚手架顶上装着四台无人相机。顺着镜头望去，会发现树干上一个直径不过五厘米的小洞。脚手架上贴着一张纸，上面写着："相机正在拍摄野生动物，以便调查研究，请勿碰触器材设备。"这是写给人看的。

征得林地主人同意后，我用工地上常见的铁管在这里搭了脚手架，观察这棵树上的树洞。树洞是各种动物藏身栖息的地方，无论大小，都至关重要。但树木是自然生长起来的，树洞不可能像商品房那样有统一的规格。有的洞口很大，内部空间却很小，有的则刚好相反。有的漏雨，有的漏风。为了能从千差万别的树洞中找到最适合自己的，无论春夏秋冬，动物们只要发现有树洞，就会探头进去瞧上一瞧。大小刚好的树洞是稀缺资源，比如这个洞，就常有日本小鼯鼠、鼯鼠、日本貂等动物来"看房"，很有意思。

　　树洞这种气密性好的地方在自然界很稀有，临近筑巢期，动物们怕是会为了树洞大打出手。对动物来说，确保居所的安全是关乎生死的大事。也许在很久很久以前，人类还跟其他动物争夺过洞窟和其他可以遮风避雨的空间。

　　说不定人类当年的竞争对手是熊。各种各样的动物会来树洞"看房"，若是发现被捷足先登，就会出现两种情况：要么痛痛快快放弃离开，要么死战到底，把树洞抢过来。这样的事情不知道发生过多少次。别看姬鼠个头儿小，它们在这方面可是挺有韧劲，每次都见缝插针，迅速找到地方

《姬鼠》长野县 2011 年

做窝。睡鼠就不行了，老鼠和日本小鼯鼠都比它强。有一次，我特意用机器在树上打了个洞，观察了一段时间。鼯鼠发现这个洞的洞口小但内部空间大，就急得把洞口啃大了一圈，以最快的速度钻了进去。如果是一个直径三十厘米的树洞，连熊都会来瞧上一眼。

　　形形色色的动物为了一个树洞使出浑身解数，演绎一出出跌宕起伏的悲喜剧，这真是个非常适合做定点观测的主题啊。您有很多作品，有时单看一张没什么感觉，只有把整个系列连起来看，才能瞧出深刻的内涵。
　　蛇也会住在树洞里吗？

　　蛇会住树洞，也会钻进其他树洞找吃的。青蛇要冬眠，只在夏天活动，它们得充分利用这段时间，能吃多少就吃多少。于是，夏天成了蛇到处钻洞的季节。老鼠和日本小鼯鼠这样的小动物知道蛇的这个习性，蛇比较活跃的

上：《日本小鼯鼠》长野县 2011 年
下：《日本小鼯鼠》长野县 2011 年

《鼯鼠夫妇》长野县 2015 年

时候，它们一般不住树洞。就算待在树洞里，也会随时探听蛇腹上密密麻麻的鳞片摩擦地面发出的响声，这些鳞片相当于蛇的脚，一旦有蛇接近，它们就会立刻逃出树洞。

就算躲进树洞，一刻也松懈不得，自然界真是残酷啊。那在树洞里做窝的野鸟呢？

杂色山雀和大山雀这样的野鸟在春天开始第一轮繁殖，后面还有第二轮和第三轮。为了防止蛇的进犯，它们会在高处筑巢。可蛇还是会沿着树干垂直爬上来。如果树洞入口比较小，青蛇单靠粗壮的躯体就能把洞口堵死，使洞里的野鸟无处可逃。大鸟就不用说了，有时连鸟蛋都难逃一劫。

这么说来，大山雀这样的小型野鸟把雏鸟粪便扔到离鸟巢较远的地方，不光是为了保持鸟巢的卫生，还有避免引来天敌的用意啊。

单看照片的话，谁都想不到您为了拍一个小树洞竟搭了这么大规模的装置。照片拍不出拍摄的器材和实际拍摄之前的辛劳准备，偶尔展现一下"后台的辛酸"是很有必要的。

我没有亲自按快门，常有人误以为这份工作轻松得很。之前我出过一本主题为乌鸦的窝的影集，叫《参观乌鸦家！》（新树社，2009年）。每张照片都是我爬到树上拍的，拍摄过程很辛苦。拍"鹫与鹰"系列的时候，在树上待一整晚是家常便饭。对我来说最重要的是，去探索不为人知的世界，用照片这种视觉语言将它呈现出来。只要能达成这个目标，吃再多的苦我也不在乎，一个劲儿地往前冲。要是把我的收入换算成时薪，那应该很低（笑）。

一天二十四小时、一年三百六十五天，您真是每时每刻都在工作。《参观乌鸦家！》里有几张在东京大手町写字楼一条街拍的照片，您拍的时候居然没被抓起来。皇居附近有很多巡逻的警察，您居然没被当成可疑分子？

在大手町拍摄的时候，的确引来几个人围观。不瞒你说，我经常被警察叫住盘问。观察鸟巢的乐趣，在于我们可以通过鸟儿选用的"建材"了解周边环境。比如，鸟巢附近有马场，鸟儿就会用马尾毛做窝。海边的鸟巢会用到渔网。公寓周围的鸟巢则有衣架、内衣、卫生巾等材料。做窝材料千差万别，跟周边环境有很大关系。不过日本各地的乌鸦窝都用到一种叫玻璃纤维的隔热材料，乌鸦好像在模仿人类造房子，太有意思了。当然，这些纤维八成是乌鸦们碰巧从工地上捡来的，它们大概不知道那可以隔热。

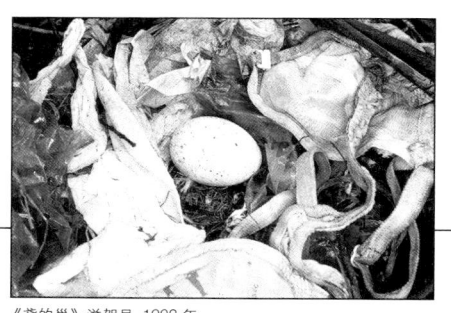

《鸢的巢》滋贺县 1992 年

《大手町的乌鸦宝宝》东京都 1999 年

《在排水管里做窝的黄鹡鸰》长野县 2016 年

看来自然界也有"个性派建筑师"，大胆运用"新式建材"。

以前乌鸦都在深山老林里筑巢，现在院子里的树和行道树都成了它们做窝的地方，看来它们已经完全融入人类社会了。照理说，乌鸦会把新窝设在去年的窝附近，但我拍过的地方第二年起再也没有乌鸦光顾。大概它们认为这年头不可能有人爬树了，没想到遇上我，受了惊吓，就搬家了吧。

我小时候周围有几个小孩爱爬树、掏鸟窝，小鸟对人类有了戒心，可这几年都见不到爬树的小朋友了。

有一次我在山里爬树，发现一个掺有大量白发的鸟巢。我想也许附近有一具老人的尸体，吓得赶忙走掉了。

您的故事都能写成推理小说了。鸟会开动脑筋，把人类的日用品、动物的毛发等材料巧妙组合，打造出舒适的小窝。用手头现有的东西拼装不是人类的专利，动物们也会随机应变。城市里垃圾多，其中不乏气密性好的垃圾，拿来做窝正合适，给动物们提供了丰富的选择。

有些动物在无人看管的混凝土块下做窝，寄居蟹顶着洗涤剂的瓶盖到处跑。人类的迭代更替以三十年为单位，野鸟和其他动物的生命周期则短得多，它们不可避免地会选择自己生活的时代里最方便好用的材料。

只有一种叫"三道眉草鹀"的野鸟筑巢的时候完全不用人造物品，特别不可思议。金翅雀、牛头伯劳的生活环境和三道眉草鹀差不多，但它们会用人类熟悉的塑料绳、胶带等日用品做窝，果断采用时下最潮的"新建材"。我不由得纳闷，为什么三道眉草鹀那么保守呢？这几种野生鸟类明明生活在同样的自然环境中，却有保守派与改革派之分。

同样是野生鸟类，不同的种类与个体对人造物品的用法不同。从风险管理的角度看，这种不统一也许有重要的意义。不过这种推测是从结果找原因，很难得出定论。

对了，最近有没有动物在"找房"环节上遇到困难？

麻雀就面临着"住房难"。我上小学的时候，到处是木结构建筑，麻雀可以利用民宅板墙的节孔进出，或者干脆在里面做窝。但现在木板墙变成了灰浆墙和铁板，搞得麻雀没地方住。它们开始频繁出入瓦片屋顶的缝隙间。可最近随着新式建材的普及，房子建得越来越精巧，从墙壁到屋顶一个洞也没有，一丝缝隙都找不到，麻雀们恐怕又在为住处发愁了。

还真是，也许因为适合做窝的地方变少，住宅区的麻雀不如以前常见了。倒是造房子用的四棱钢筋里常有麻雀窝。

麻雀也经常在电线杆的钢筋里做窝。

麻雀生活在"人类活动区"与其外部之间的灰色地带。明明一直离人很近，可人一走近，麻雀就会立刻逃走。古人把麻雀当作一种食物，也许当年形成的戒心还没有完全消除。麻雀会糟蹋庄稼，有过一段"人人喊打"的历史。江户时代的日本人还烤麻雀吃。

古代人吃过麻雀等各种野鸟，可是在现代日语里，"鸟肉"一词专指"鸡肉"。

麻雀有时会侵占岩燕用泥巴做的窝。它们用枯草装饰鸟巢内部，要是在燕窝里发现大量的干草碎屑，就意味着这个窝是麻雀在住。不过麻雀在英语里叫"tree sparrow"，从字面上能看出，它们也会住在森林里。我七八岁的时候，经常看到硕大的麻雀窝架在农田的桑树或操场的杉树茂密的树枝里，这几年一个这样的窝都没见过，说明随着时代和环境的变化，麻雀大举搬去了它们觉得舒服的地方。由于人类社会新式建材的普及，麻雀没法继续在民宅做窝。久而久之，说不定过去的DNA还会复活，再生出一批回树上做窝的麻雀。这种生命的"跷跷板游戏"有着极漫长的时间周期。

《麻雀》长野县 2002 年

《在民宅房檐下筑巢的杂色山雀》长野县 2009 年

《背着洗涤剂瓶盖的陆寄居蟹》鹿儿岛县 1995 年

予县 1991 年

《鸟巢的大山雀》长野县 2012 年

您的意思是麻雀很有可能回归森林？并不只有人类才会为了打造舒适的环境开动脑筋、不断进步，其他动物也会顺应环境与时代的变化，灵活变换居住地与居住方式。要说哪种动物对其他动物的影响最大，那肯定是人类，野生动物能巧妙应对环境变化，繁衍生息。它们离人类并不遥远，我们却很少察觉到。

还是把话题拉回到树洞吧。可以容纳猫头鹰的大树洞多吗？

我把猫头鹰分成"村长"和"房客"两类。村长家的树洞是代代相传的好树洞，一住就是百来年。房客只能住山崖上的洞穴、空屋的阁楼和地板下面，或是鹰、雕等猛禽弃而不用的旧巢。鹰和雕有修补鸟巢的习惯，勤快地叼树枝等材料回来，猫头鹰不会做这种事。久而久之，"建材"就会被昆虫和细菌侵蚀。住上三年左右，窝便会破洞，没法再用。

鹰和雕的雏鸟习惯把粪便拉在鸟巢外，不容易弄脏鸟巢。大鸟一般会在窝里分解生肉，为了保持居住环境的卫生，它们会提前铺一些带青叶的松树枝或扁柏枝等，这些植物可以杀菌。而猫头鹰习惯把食物整个吞下去，不需要在窝里分解猎物，雏鸟直接在窝里排便，于是引来分解粪便的昆虫，加快了鸟窝的老化速度。要不了多久，窝就破了。

一种动物舒适居住的空间也会让其他动物觉得舒服，在没有被捕杀风险的前提下，人类的活动区域周围不就是动物们宜居的地方吗？毕竟人类擅长躲避风雨。燕子经常在房檐下做窝，住在人类周围可以更好地防范蛇与黄鼠狼等天敌。人类也觉得家里有燕子窝很吉利，燕子能帮忙吃掉地里的害虫。人与燕子一直和谐相处，形成了共生关系。

我以前观察过一条潜伏在岩燕聚居地的青蛇。那里有一百多个燕子窝，就跟居民小区似的。蛇虎视眈眈地守着，耐心等小燕子长大，然后花了整整一个月的时间，把它们一只一只地吃掉。我发现那一带连续三年都有蛇来扫荡，很有可能是同一条蛇，这家伙可真够聪明。

对青蛇和其他蛇类来说，春天到夏天是养膘的好时候。

我观察树洞发现，蛇与被捕猎者之间形成一种微妙的关系。燕子、大山雀等小型野鸟在春夏两季繁殖两三次。观察第二窝与第三窝的时候，我甚至怀疑：这些鸟蛋和小鸟是为蛇养的。要是鸟类真能一年成功繁殖两三次，野鸟肯定要泛滥成灾。蛇为冬眠做准备，趁夏天拼命捕猎。这两种动物之间大概就是这样保持平衡的。

《攻击大山雀的蛇》长野县 2010 年

《被黑熊弄伤的树干》长野县 2007 年

《伤口变大的树干》长野县 2007 年

《钻进树洞的黑熊》长野县 2010 年

需求与供给同步出现，看起来就像是野鸟专门为蛇提供口粮。对树洞的使用者来说，洞口一定要小得恰到好处，让天敌进不来。暴风雨和其他外力在树上留下大小不一的伤口，树洞是从这类伤口演变来的。

　　无论是人类还是其他动物，在如此茂密的丛林里时刻保持警觉、挣扎度日，十分辛苦，不过人类在很久以前就走出了森林。

　　您刚才说，树洞的直径要是有三十厘米，连熊都会来瞧一瞧，熊会在树洞里冬眠吗？

　　如果树洞足够大，熊会钻进去。其实，我对熊和树洞的关系做过一个假设。有时候熊会用牙齿啃伤树干。这样做有什么意义呢？我有点纳闷，定期观察那些被啃伤的地方，发现伤口周边会渐渐腐朽，雨水慢慢渗进去，白蚁会花时间把洞口一点点弄大。等树再长大一些，鸟就会钻进去。树洞再变大一点，就轮到小动物住了。小动物住过了再换猫头鹰住，一住就是好几代，最后发展成足以容纳熊冬眠的树洞。这是我的假设。也就是说，我们可以认为熊啃伤树干是在为其他动物和自己的子孙后代创造可能的住处。

　　这个假设好有趣。当然，熊啃树干也可能是为了舔树的汁液，但是从结果看，这种行为的确为其他动物和子孙后代提供了方便。和熊相比，我们人类就显得短视，企业结算以一年为周期，有的甚至更短。得好好向熊学习啊。我们既没为子孙后代考虑，也没想到过去的祖先。每次听到这种动物轶事，我总会不由得感叹，熊其实比人聪明多了。

人类如果一直想着"只要自己这代人过得好就行"，一味"赊账"，那就忘了作为生物的本分。审视自然的时候，应该像树木那样，以数百年为单位。这个视角千万不能丢。

驹根高原的某个网球场旁边是一片密林，飞出围栏的网球被丢弃在林中。从表面上看，这不过是避暑胜地司空见惯的风光，但仔细观察那些网球，你会发现，有的已经完全裂开，露出内芯。有的则滚得老远，怎么看都不像是从球场滚出来的。宫崎老师说，这都是野生动物干的好事。

网球场边：动物们的游乐园

　　飞出球场的球一直没人回收，撂在林子里。久而久之就成了貉、狐狸等野生动物的玩具。

　　粪便告诉我们，这一带还有很多其他动物光顾。比如这棵扁柏根部的洞，就不是无主的空屋。试着在洞口随意搭几根小树枝，第二天来看就会发现树枝被挪开了，证明这树洞有动物在用。

　　这类蛛丝马迹最要紧。古人设陷阱的时候，大概也做过类似的实验。这座网球场旁边挖了侧沟，直通排水管道。我用同样的方法在管道口搭了几根小树枝，第二天一瞧，树枝被移开了，动物好像嫌它们碍事。我凭这一点认定，水管里住着动物，于是立刻装了无人相机，镜头对准管口，果然拍到了貉。它们把混凝土水管当成公寓了。

　　一棵倒下的树上有黑熊的牙印。树干原本不是这个朝向的，明显被挪动过，体积也比原来小了很多。这地方没有人来，这么大的东西只有熊搬得动、弄得碎。树干的含水量比较大，倒下后会生出很多虫子，熊就用爪子掏虫吃。那些被啃得枯死的树和扒了皮的树，基本上都是熊的杰作。我在这里装过相机，

貉的"水管公寓" 长野县 2012 年

不止一次拍到体形庞大的熊，可见这里是熊经常光顾的"餐厅"之一。

来这边打网球的客人肯定对林子里发生的事一无所知。其实，野生动物经常把休闲胜地附近的山林当作餐厅和游乐园。

如果你没有养成习惯，细心观察动物留下的痕迹，就很难察觉这些事情。很多人被某种想当然的认知蒙蔽了双眼，不明白这种地方怎么可能有野生动物。但自然就是这么神奇，动物们就活跃在人们意想不到的咫尺之地。

第 **2** 章

方生方死的生态学

人类送给动物的"保健品"

　　太田切川是天龙川的支流，照片中是它与中央汽车道高架桥的相交之处。宫崎老师带爱犬小萤出门散步时总会经过这里。老师提醒我注意观察地面，细细一瞧，发现被小石子和沙子覆盖的河滩上有许多蹄印。放眼望去，周围全是蹄印，少说也有几百个。

这是什么动物的脚印啊？

梅花鹿啊。昨天刚下过雨，脚印特别明显。

那地上这些白白的东西又是什么啊？

这些啊，是盐的结晶。

河边居然有盐！

嗯，小萤每次走到这里都要左看看右闻闻，地上有这么多鹿的脚印，我感到非常奇怪，便装了无人相机，想拍拍看。这里毕竟是一级河川的河滩，开工前我特意跟国土交通省申请了拍摄许可。拍了以后才知道，几乎每天晚上都有好多鹿和猴子来高速公路下面转悠。它们到底来干什么呢？仔细研究这些照片，我发现动物们都在拼命地舔地面。估计它们平时生活在附近的密林里，是专程来吃这些盐的。

这里不是海边，怎么会有盐的结晶呢？

是人工撒的。我们头顶的高速公路上撒了大量的防冻剂，以免路面在冬天结冰，导致人们行走不便。防冻剂溶进水里，顺着高架桥流下来，就在这片河滩上结晶了。防冻剂的主要成分是氯化钠或氯化钙，也可以说是"人造盐"。每年有无数的人造盐被撒在日本各地的马路上，说不定有不少进了野生动物的肚子。比如这一带的盐，吸引了六十到八十头鹿，我还拍到过鹿为了争夺"盐场"打架的画面。有些地区原本缺盐，人却主动把盐送到了动物的家门口。

原来如此。盐在山区是稀缺资源，但只要走到这条河边，就有吃不尽的盐。

日本民间有个传说，如果狼一路跟踪你到家门口，只要对它说一句"辛苦你了"，撒点盐给它，狼吃了盐，就会老老实实地回去。还有古人拿盐跟狼换食物的说法，就是把狼吃剩的猎物拿走一部分，留下一些盐当谢礼。去买盐的时候被狼跟踪，看到狼舔人的尿……日本各地有很多这类传说。

你说的是"送狼"的传说吧。这个传说有两个版本，一个是"狼把人平安护送回家"，另一个是"狼假意护送，伺机伤人"。不过这个词在现代日语中专指"假装护送女性回家，其实居心不良的男人"。

之所以有这样的传说，想必是因为人们把狼的行为解释成对盐的渴望。人类通过尿液、汗水等形式排出多余的养分，其中就有矿物质等微量元素。对很多动物来说，这些东西非常有吸引力。

《梅花鹿》长野县 2012 年

《梅花鹿》长野县 2012 年

日本人不是习惯在玄关摆一小撮盐吗？我觉得，这不光是为了辟邪除魔，还有"不让动物再往里走"的意思。

以前我在赤石山脉附近发现一个地方，每天晚上都有鹿和猴子轮番到那里去。装了无人相机才知道，原来动物们是去舔泥巴。赤石山脉是菲律宾海板块碰撞产生的。这一撞，把地底的矿物质撞到了地表。大概是很久以前堆积大量动物死尸的地层因为推挤上拱露出来了吧，裸露在外的泥土中富含动物必需的矿物质，于是大家排着队来吃。

也就是说，今天的动物们正享受着老祖宗留下的恩惠。

人类构筑了一个车轮之上的社会。在马路上撒防冻剂就等于在日本各地面向野生动物开设药铺，帮它们强身健体。盐是宝贵的矿物质来源，是鹿求之不得的"保健品"。多亏人类送药上门，鹿才越来越精神，数量越来越多。

上：《氯化钙》宫崎县 2002 年
下：《氯化钙喷撒装置》长野县 2010 年

这简直是"给敌人送盐"①。您的这些照片就像一面镜子，照出人类社会。在不临海的地方，武田信玄这般厉害的武将一旦断了盐，只能等上杉谦信出手相救。如今，动物们就算住在山里，也能毫不费力地吃到盐。您是怎么察觉到防冻剂带来的影响呢？

有一次，我看见日本猕猴在高速公路边上舔着什么东西。这个场景引起了我的注意。猴子是一种和人比较接近的动物，我觉得它们肯定也需要补充盐分之类的矿物质。看到猴子在公路边的混凝土块上一门心思地舔啊舔，我就起了疑心。事后回到现场探查一圈，才知道猴子舔的是路边流出的白色碱水。从那时起，我便在巡逻的时候仔细观察，后来又撞见有动物在山区公路的桥上舔融化的雪水。我拿手指沾了点水，尝了尝味道，果然很咸，这才有了十足的把握，开始着手研究防冻剂和动物之间的关系。

人通过保健品补充缺乏的营养元素。如果把"吃保健品"定义成"一日三餐以外的营养补充渠道"，动物吃盐就相当于吃保健品。那么，马路上到底要撒多少防冻剂啊？

①日本战国时代，上杉谦信与武田信玄打仗时，得知对方部队缺少盐，便派人送盐给信玄。上杉认为，虽然两方部队正在打仗，却不能胜之不武。

《舔护墙的日本猕猴》长野县 2010 年

《舔马路的日本猕猴》长野县 2016 年

高速公路就不用说了，国道也好，县市町村的公路也好，只要当地的气温降至易结霜的程度，多多少少都会撒些防冻剂。以长野县为例，一九九五年，县政府管理的公路，氯化钙、氯化钠的总用量是一万两千九百九十吨，二十年后的二〇一五年则为一万六千三百零六吨。每年的降雪量不同，二〇一四年用量高达两万七千五百二十九吨。平均下来每年是两万零九十一吨，照此推算，这二十年的总用量高达四十万吨。十多年前，氯化钙和氯化钠的用量比例开始反转。

　　最近常有人说："鹿越来越多，愁死人了！"一九九一年，政府因为沥青粉尘问题，禁止人们继续使用带金属钉的防滑胎。自那时起，有关部门就打着"防冻剂"的旗号大量使用氯化钙。我做了一个大胆的猜测：日本的"鹿口"大爆炸和大规模播撒氯化钙的时间应该完全吻合。

　　鹿的捕获量的确从一九九〇年前后开始飙升。据说大多数植物都含有微量的氯化钠，人为撒这么多盐，肯定会对自然界产生很大影响吧。

　　通过观察，我发现鹿更喜欢氯化钠。氯化钠渗进土里，下雨的时候再次浮上地面，引得鹿天天晚上跑来舔。有一年冬天，我在这里架了无人相机，拍到鹿的频率相当高。有些鹿太阳一落山就来，从深夜到凌晨，这里一直有许多鹿光顾。白天遛小萤的时候，我经常路过这一带，几乎没见过鹿，估计周边居民还没发现这里常有鹿来。

这片风景看似寻常，却是人类与动物无声交汇的舞台。也许我们从未想过那些人为播撒的物质会导致怎样的事情发生、会如何改变自然环境。对动物来说，人类的这些行为是构成环境的一大元素。可以说，人类给鹿创造了一个适合繁衍生息的环境吧。

鹿多了，吃鹿的熊肯定也会变多。

鹿一死，相当于几十公斤的蛋白质散落在密林中。蛋白质可是稀缺资源啊。如今山里已经没有以鹿为主食的狼，猎人也比以前少了很多，山里成了熊的天下。要是没有熊站在食物链顶端，可能会出现威廉·斯托森伯格在《没有捕食者的世界》（野中香方子译，文艺春秋，2010年）中描述的那种情况，自然只能走向荒芜，绝不会演变成被捕猎者的天堂。

我有个熟人，他开车的时候撞到鹿，车都被撞坏了。最近，"小心野鹿"的路标变多了。

雄鹿尤其可怕，一旦鹿角戳破挡风玻璃，情况就相当危险。仔细观察"小心动物"的路标，你会发现每个地方的路标都不太一样，一看牌子就知道当地有哪些动物出没，还挺有意

《"小心动物"的路标》山梨县 2013 年

思。不过开车的时候一定要专心，千万不能左顾右盼。

很多时候，所谓的"兽害"其实是人类与动物互动的结果。具有象征意义的图案"乌洛波洛斯"（也叫"衔尾蛇"），画的是一条咬着自己尾巴的蛇。有些兽害就可以归为此类。

人类是自己处死了自己。我很早就对生态圈里的"保健品"产生兴趣，之前去其他地方调查过。冈山县有一栋废屋，原来是矿工住的，地板明显有被动物反复啃咬的痕迹。我非常纳闷，就在屋里装了无人相机，发现经常有鹿进屋到处啃咬。吸引它们的应该是当年渗进地板的汗水。以前的日本民宅会"呼吸"，和用新式建材搭成的现代住宅完全不一样。那时候，人类的代谢物会穿透被褥，渗进榻榻米，再浸到地板下面。

白土三平的漫画《卡姆依外传》里有一个桥段，忍者钻到地板下面搜集硝石（硝酸钾）做火药。古代的人的确是这么搜集火药材料的，在微生物的作用下，老宅地板下方的表土会产生硝酸钾的堆积层，精炼一下就成了硝石。日式房屋发生火灾的时候，一旦烧到地板下面，火势会迅速蔓延，就是因为硝酸钾的助燃作用。

日式房屋的土墙很有讲究，工匠砌墙的时候，会在收尾的环节用到盐。所以说，闹饥荒的时候用土墙充饥一点也不夸张。这些盐引来了鹿，以致废屋经常被鹿啃噬。原先厕所的位置热闹得很，鹿、狐狸、野猫、日本貂轮番上阵。连便器的痕迹都找不

到，地上只有土，动物们还是拼命地舔。

人类是自然循环的组成部分。我们平时想也不想就冲进下水道的粪便，能成为其他生物的营养源。

在山里随地大便，不一会儿就会有昆虫凑过来。我特别喜欢在野外随地大小便，那感觉爽极了。可惜在城里不能这么干。

外国人觉得这样太不文明，明治政府便下了禁令。城市与粪便有着密不可分的关系。城市是定居社会逐渐发展的结果，城市一旦形成，如何处理大量人口产生的大量粪便就成

了亟待解决的课题。早在古罗马时期，人类就发明了下水道这样的净化系统，但是在中世纪与近代的欧洲，排泄物没有得到妥善的处理（这可能和人们没有把粪便用于农业有关）。在十九世纪的巴黎与伦敦，数以万计的人死于霍乱。

日本古代的茅厕把河水引入住宅、冲走排泄物，算是最原始的"抽水马桶"吧。

看来人们有必要用水把排泄物冲到远处，远离居民区。把排泄物送去专门的设施处理，不循环利用，意味着人类从一开始就断绝了将排泄物转变为植物肥料或动物营养源的可能性。当然，在某些场合我们会利用排泄物。对某种生物无用甚至有害的东西，也许对另一种生物有所助益。人觉得难闻的味道，可能到了某些动物的鼻子里就成了香气。

我用自己的大便做过实验，在地上挖

上：《日本貂》冈山县 2013 年
下：《梅花鹿》冈山县 2013 年

个十厘米深的洞，"完事"以后把土填回去。在细菌比较活跃的春、夏、秋三季，二十四小时后就闻不到异味了，洞里的东西会被细菌分解干净。如果在冬天，大概需要三星期。也就是说，如果在两张榻榻米大的土地上挖坑排便，每天挖一个，没等转回第一个坑，第一天的粪便就没影了。健康的土壤就是有这么强大的分解能力。

消化其实是"分解"的别名，大便不是一点用处都没有。日本和中国都有用排泄物施肥的历史。在江户时代，偷窃粪便还犯法，可见排泄物在当时是宝贵的有机肥。

江户时代的长屋房主享有公用厕所的处理权。人类的排泄物是很宝贵的资源。比如在雪地里撒尿，会留下一摊黄色的印子。当天半夜，野兔就会跑过来挖雪吃。食草动物的肠道里养着细菌，靠消化这些细菌获取蛋白质。吃进肚里的植物也要靠细菌分解，食草动物需要摄入盐分促进分解。从这个角度看，尿液对它们来说是美味佳肴。

听说兔子会吃自己的粪便来补充体内缺乏的营养物质。人吃得比较杂，吃进去的东西往往比人体真正需要的多，大便里应该有很多没消化干净的营养成分。说不定人光吃自身排泄物就能活下去。

食肉动物可以靠猎物的血液与内脏获取盐分，缺盐问题不会很严重。食草动物就不一样了，除了吃主食植物，还得另找方法摄取盐分。以前我在动物园见过食草动物围着笼子里的一块固体舔啊舔，找工作人员打听了一下，才知道那是加了维生素和矿物质的"矿盐"。

对了，这附近有个叫"大鹿村"的地方吧。

大鹿村有座"鹿盐温泉"，那里涌出的泉水很咸，盐分浓度跟海水差不多。据说经常有鹿来舔泉水，温泉因此得名。有些动物靠喝海水补充盐分，比如绿鸠。栖息地远离大海的野生动物往往会选择家畜的粪尿。以前应该有不少动物为了吃盐下山，来到人类生活区的边界。盐对动物来说十分重要。在日本各地的山区大量播撒这么关键的物质，当然会引起自然环境的变化。人类总习惯把自己的生活和大自然割裂开，但我们必须充分认识到，人类正在持续地、大量地投放化学物质，对生态圈造成重大影响。不考虑到这方面因素，一味抱怨野生动物造成的危害是没用的。有时候我会帮农户出主意，聊着聊着经常冒出这样的念头：拍照挣不了几个钱，干脆改行当"兽害咨询师"算了。只要按拍照的法子设下陷阱就行，不是什么难事。

听说宫崎老师的朋友种了一批很有个性的"粪盆栽"。不过这里的"粪"字不是贬义[1]，单纯是"粪便"的意思。走进摆有大量粪盆栽的院子，每个盆里都插着标签，上面写着"黑熊""狐狸""猴子""日本貂"等动物的名字。

粪盆栽

有时候，我会从山上捡好多动物的粪便回来。光看粪便，我就知道是什么动物拉的，粪便是了解动物活动范围的重要线索。可是要搞清它们平时都吃些什么，难度就大了。怎么办呢？我灵机一动，想出了粪盆栽这个法子。

狐狸粪盆栽 长野县 2014 年

在夏秋两季，熊、狐狸、猴子与日本貂的粪便中常有没被消化掉的植物种子。消化液会促使种子的外皮剥落，粪便中的种子非常容易发芽。植物无法自行离开它们扎根的地方，得靠颜色鲜艳、气味香甜的果实把动物吸引过来，借助动物把种子带去远处，实现种群的繁荣。为了确保果实被动物吃掉后种子依然完好无损，植物进化出了难以消化的茎叶。

捡到粪便之后，我会先记下日期和地点，再把粪便交给朋友。朋友很了解植物的习性，等粪便里的种子发芽，就会找个合适的盆子养着。

不过刚发芽的植物看上去都差不多，分辨不出品种。养上几个月，枝叶等特征才会渐渐显现。那时就知道到底是哪种植

①日语中的"粪××"，意为"混账××"，有骂人的意思。

一字排开的粪盆栽 长野县 2014年

物了。知道品种，就能查出它分布在自然界的哪些地方，推测出吃这种植物的动物的活动范围。这个方法特别好，但有两点不足。一是得等植物长到一定大小，分析起来比较花时间。二是"粪盆栽"这个名字有点煞风景。种子的形态多种多样，有的跟红豆一般大，有的却小得像草莓籽儿，里面的学问很深奥。

大家对粪便有一种莫名的厌恶，会下意识地绕开它。但我觉得把动物的粪便弄成盆栽养起来，说不定很有意思。之所以会冒出这样的想法，是因为我们能通过粪便分析周边的植物分布情况，进一步推测出植物和吃它们的动物之间的关系。我想，要是能用看得见摸得着的盆栽把这层关系呈现出来，那就太有说服力了，而且这个法子从没有人试过，一定很有意思。

对了，苍耳、苦楝等植物的果实带刺，会粘在动物皮毛或人类的衣服上，将种子播撒到远方。人类出行会使用汽车、火车等交通工具，移动范围很广。对植物而言，人是绝佳的搬运工。当然被花蜜吸引的昆虫也是。这么看来，我们和动物都被植物巧妙利用了。总之，无论是动物还是植物，大家都在相互利用，保持着共生共存的关系。自然的运行机制就是这么巧妙。

大自然的清道夫

有一天，我和宫崎老师在寺院里散步，发现池塘的水面上漂着一条死鲫鱼，旁边围了一圈水黾，它们好像在吃死鱼。失去生气的鱼眼与动作轻快的水黾形成鲜明对比，我不禁觉得毛骨悚然。在自然界，有许多水黾这样的生物，会引起人类反感，比如蟑螂、老鼠、乌鸦……这些生物被厨余垃圾和尸体吸引，宫崎老师却把它们统称为"大自然的清道夫"，对它们展开了多年的调查。

在水陆相接的地方，总能见到这些清道夫的身影。

小时候，我经常和朋友闹着玩儿，把蛇抓起来弄死。有一天，我把死蛇丢进小河，过了一会儿回去一瞧，一大群溪蟹出现在河边，它们已经吃上了。也许是少年时代的这段经历给了我研究水边清道夫的灵感。"清道夫"这个词听起来有点吓人，说白了就是"自然的清洁工"。这个池塘那么小，要是死鱼一直漂在那儿不处理，水质一定会迅速恶化。有这些清道夫及时把尸体吃掉，事情就解决了。

除了水黾，还有哪些比较有代表性的水边清道夫呀？

虾、蟹、寄居蟹、海蟑螂和海鸥。有一次，我在奄美大岛发现一条被冲上沙滩的死鱼。拍着拍着，来了几只寄居蟹，它们开始吃起鱼肉。当时天色已晚，我长途跋涉了一天，累得打起了瞌睡。这下可好，野猫趁我不注意溜了过来，把死鱼抢走了，害得我没拍到死鱼回归自然的全过程，太

上：《海蟑螂》爱知县 2015 年
下：《沙蟹》爱知县 2015 年

《吃鱼的寄居蟹》鹿儿岛县 1999 年

《被寄居蟹啃过的鱼》鹿儿岛县 1999 年

遗憾了。这件事让我切身体会到，在自然界，连死尸都需要去争抢，我是那场争夺战的失败者。

小说家目取真俊写过一篇短篇小说《填魂》（朝日新闻社，1997年）。男主人公把魂儿弄丢了，昏迷不醒，一只大寄居蟹住进了他的嘴里。虽然是杜撰的，说不定失去灵魂的空壳真能把寄居蟹招来。说到这儿我突然想到，小时候我还用死鱼钓到过日本蝲蛄呢。

我有个很会潜水的朋友。他说自己年轻的时候很穷，就在冲绳注册了兼职潜水员，专门打捞遗体。一有车辆坠落悬崖，或是有人投海自尽，有关部门就会联系他，他会立刻换上潜水服下海打捞。有一次，他正要捞起一具沉入海底的尸体，竟发现尸体下面已经有螃蟹在爬了，他可是三十分钟前才接到的消息。虾、蟹等甲壳类与贝类，还有海鸥、乌鸦等鸟类组成了"海边尸体处理小分队"。有些人特别爱吃蟹黄，可蟹黄是残留在螃蟹内脏里没有被消化干净的东西，我不太敢吃。

鬣狗也是有名的清道夫，人称"稀树草原的清洁工"。它们专挑身体羸弱、命不久矣的动物下手，也吃死尸。在日本，黑熊承担着类似的职责。它们会捕猎，也会吃死尸。

低价收购濒临破产的公司资产，再高价卖出或投入资金，牟取巨额利润。日本人经常用"鬣狗"和"秃鹰"比喻上述行为。看来清道夫动物给人类留下的印象不太好啊。

你说的是"秃鹰基金"吧。准确地说是"秃鹫基金"。其实对自然界来说，这些动物是不可或缺的，负面印象也许是它们围着死尸进食的场景带来的。从防菌的角度看，秃鹫的"秃"就非常合理。头上没有毛能保持干燥，从而有效防止细菌的滋生。根据我的想象，秃鹫头上沾到了病原菌，毛开始脱落。这样反复无数次后，秃鹫就演化成了头上没毛的种群。

一个叫凯文·卡特的摄影师在苏丹拍了一张照片，画面中一只秃鹫正虎视眈眈地盯着一个濒临饿死的小女孩。这张照片拿到一九九四年的普利策奖，摄影师却卷入了"人命与新闻孰轻孰重"的争论，受尽舆论谴责，最终选择自杀。无论是照片中的秃鹫，还是其他清道夫动物，它们都特别擅长捕捉"死亡征兆"，迅速发现体质衰弱的动物。据说，秃鹫进化出了强大的消化系统，能够抵抗尸体滋生的细菌和其他有害物质。

大概因为人类学会了用火，才没像鬣狗和秃鹫那样进化出可以吃腐肉的消化系统。不过根据日本民间传说，古人有时候会顺手拿走动物吃剩下的肉。这么看来，很久很久以前，人类应该也有清道夫的属性。

这么多生物盯着尸体，您想找一具动物尸体拍摄，怕是得费一番功夫吧。马路上倒是偶尔能见到被撞死的动物。

这年头，一有动物死掉，有关部门就会迅速回收处理尸体，拍摄机会已经不像以前那么多了。不过我在伊那谷周边布下了情报网，一旦发现动物的死尸，朋友们就会立刻通知我。我曾经靠朋友提供的情报，拍到了黑熊吃死鹿的全过程。

熊从比较柔软的肛门部位啃起，再把内脏拽出来吃掉，吃饱了就走开，饿了回来接着吃。鹿的尸体很快就被吃光了。熊吃到一半的时候，貉、日本貂等小动物会凑上来。它们守在不远处，看准时机果断出击，偷得几口美味，那场景别提多有意思了。要不了多久，死尸上就会长满蛆虫。当然，长蛆的速度和季节有关。我还拍到过熊在死尸上吃活蛆的场面。有一次，我看见熊饱餐一顿后大摇大摆地离开，过了两个多小时又杀了回来。蛆繁殖得飞快，这么短的时间就长出一大群，熊又有得吃了。不过一个晚上，这只熊就整整吃了三轮，我真是佩服极了。它找到一个效率很高的法子，保证自己能吃到新鲜的蛆。

这说明熊有"时间观念"，可以精确预测不远的未来会发生的事情，在此基础上采取行动。熊的消化器官也跟秃鹫一样强大吗？

熊生吃内脏和快腐败的肉，说明它们对病原菌有很强的抵抗力。熊的胆囊俗称

《吃死鹿的黑熊》长野县 2013 年

《梅花鹿的尸体》长野县 2012 年

《吃死鹿的黑熊》长野县 2012 年

《吃死鹿的黑熊》长野县 2012 年

《吃死鹿的黑熊》长野县 2012 年

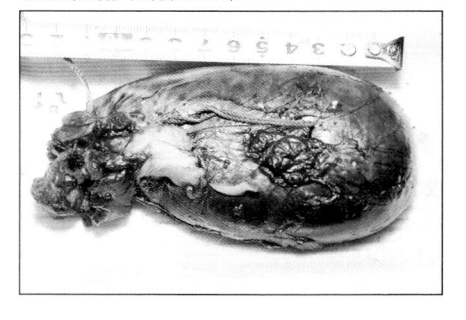

《黑熊的胆囊》长野县 2006 年

"熊胆"，有出色的镇痉作用，自古以来就是名贵的药材，是猎人的一大收入来源。熊靠胆囊分泌胆汁消化食物。冬眠之前，它们会拼命吃东西养膘，把胆汁都用光。秋天的熊胆囊很小，没法拿出去卖。春天刚结束冬眠、走出洞穴的熊就不一样了，它们好一阵子没吃东西，一直没用上胆汁，胆囊自然就大了。以前，春天的熊的胆囊相当值钱。

前一阵子我有幸舔了您收藏的熊胆，好苦啊。

正所谓"良药苦口"嘛。

最近接连发生了好几起人在山里被熊袭击不幸丧生的事件。还有新闻报道称，被打死的熊的肚子里发现了人体残骸。我认为，从绳文时代到现在，熊其实一直在吃人。

吉村昭根据真实事件改编的小说《羆岚》（新潮社，1977年）里有类似的桥段，取材于一九一五年发生的"三毛别村棕熊袭击事件"。棕熊袭击北海道的开拓村，七人命丧熊口。据说，这只棕熊曾挖开坟墓吃人的尸体，之后就上瘾了。

人一旦死去，就会成为其他动物的口粮。从古至今，这是很寻常的事情。即便在今天，迷路的老人、登山的老人在山上失踪，就此一去不复返的事情也时有发生。

放在古代，这类失踪案会被定性为"神的旨意"吧。著名摄影师星野道夫在俄罗斯拍摄的时候被棕熊吃掉，他可是熟知棕熊习性的人啊。

可能因为那次有电视台的工作人员跟着，拍摄不像平时那么顺利。自然总是超乎人类想象。我用无人相机，就是想把这方面的风险降到最低。袭击星野先生的棕熊喜欢主动出击，而黑熊，清道夫的属性更强一些。

如今，人类成了站在食物链顶端的捕猎者，但人类也曾做过被捕猎者。这么看来，"弃老传说"莫非有向山神献祭的一面？直到江户时代，杀婴、弃婴仍然十分普遍。

横跨长野县千曲市与筑北村的姨舍①地区流传着弃老传说。弃老传说建立在民间故事上，为了家里少一口人吃饭，儿子只能把年迈的母亲丢到山上。它是深泽七郎短篇小说《楢山节考》的灵感来源。当地至今沿用"姨舍"这个地名。当年在农村，供养没有生产力的人是非常困难的。为了调节人口，村民们完全有可能建立"弃老"的机制。如果真的有老人惨遭遗弃，

①直译为"丢弃老妪"。

《远方的雪山：姨舍山（正式名为冠着山）》长野县 2017 年

他们中的大多数必然成了熊、狼、豺狗与昆虫的吃食。

　　九条兼实的日记《玉叶》成书于平安末期到镰仓初期，书里经常出现"狗把尸体残骸叼到宅邸，玷污了人类住处"的桥段。在中世的日本，百姓死后一般会被扔到自然与城市的分界地带，比如河滩、荒地，等等。那个年代，狗在人类生活区徘徊，吃残羹剩饭和尸体，发挥着清道夫的作用。

　　《远野物语》中也有弃老的描述："古时候，年过六十的老人会被赶到一个叫莲台野的地方。老人们为了糊口，白天下到村里干一些农活。"老人被抛弃在村庄周边，慢慢走向死亡。莲台野就是阳间与阴界的边界地带。

　　熊对人血味、经血味、老人味，以及汗水与头发的味道非常敏感，从古至今，上山遭动物袭击丧命的人不计其数。其中多是老人，这可能与气味有关。我总觉得老人经常在山上遇难，并不是因为事发地位于年轻人偏少的、人口稀疏的区域，而是野生动物闻到了老人身上特有的气味。但我每次提出这个观点，大家都不会给我好脸色看。老人味并不是人类特有的。对动物来说，繁衍后代是必须完成的使命。使命完成后，它们会以气味的形式释放"我很衰弱""把我抓走吧"的信号。看到这里，恐怕读者要骂我残忍了，可是弱肉强食是自然的规律。动物一旦散发出这种气味，就会立刻沦为其他动物的美餐。结合尸臭和腐臭思考会更好理解。那种臭味是一个信号，告诉其他动物：

"这个动物已经死了。"捕捉到信号的动物会从四面八方赶来，听说不出五分钟就会有苍蝇被臭味引来。

除了人类和极少数家畜，大多数动物一过繁殖期就一命呜呼了，像人这样能活到孙辈甚至曾孙辈的动物反而成了特例。比如大马哈鱼，洄游产卵后便力竭而死。可见自然界的基本原则是，物种完成传宗接代的使命后让出生存空间，成为其他动物的口粮。有的动物更夸张，交配结束后雄性个体就会被雌性吃掉，或者干脆死掉。

"让叶"①这个词指的就是这种现象。无人相机经常拍到貉在水边"巡逻"，它们是在找精疲力竭的鱼。

说到气味与死亡的关系，我想起以前在书里看到的一个故事。打仗的时候，日本中国地方的人判断伤兵是否有救的方法是，看绿头苍蝇会不会被引来。看来，在战场上，人会成为昆虫的吃食。苍蝇、蚂蚁等昆虫是自然的清道夫，发挥着至关重要的作用。

有一次，我在山里发现了一只受伤的鹿，步履蹒跚，苍蝇正在它身上产卵。我小心翼翼地跟踪它，没过多久，鹿就死了。我便猜想，苍蝇能闻到死亡的气味，判断动物的生死。

---

①今指"交让木"。原意为新叶生长，老叶凋落。

据说苍蝇、蚊子的嗅觉非常灵敏，能在很远很远的地方闻到人类汗水中的二氧化碳等成分，循着味道找过来。吸花蜜、吃植物的昆虫是花粉的传递者，地球少不了它们。容易被粪便和尸体的气味吸引并以这些东西为食的动物也表现突出，是伟大的清道夫。

比如蜣螂（屎壳郎）会把粪便搬到地下的巢穴吃掉，或是在里面产卵。蜣螂通过分解粪便，既将地面打扫干净，又促进植物的生长。因此，古埃及人将它们视作再生的圣物。在他们看来，粪球被蜣螂推进地穴的模样像极了太阳在天际运行。最具代表性的蜣螂"神圣粪金龟"的拉丁学名是"*Scarabaeus sacer*"，在法语中的意思是"圣甲虫"。人类和其他生物需要蜣螂，正是它们将粪便转移到理想位置，保持了生态平衡，可谓是生态循环的代言人。

在日本扮演这个角色的是紫蜣螂（日语为"雪隐黄金"），不过它们不滚粪球。日语中"雪隐"的意思是茅房，"雪隐黄金"就是"吃人类大便的金龟子"。它们总会被厕所下风口飘出的臭味引来。自然界中动物的行为动机往往是气味造成的刺激，信息

126

《紫蜣螂》长野县 2013 年

素^①就是个很好的例子。

"天线"在英语里是"antenna"，这个单词还有"触角"的意思。昆虫会依靠伸向四面八方的触角捕捉气味等信息。要是自然界没有清道夫昆虫，我们肯定会被粪便和尸体包围。昆虫的"昆"字是"数量多"的意思，它们的确是地球上种类最丰富的生物之一，足有一百多万种。昆虫之所以如此繁荣，我想原因之一就是它们能充分利用其他生物剩下的东西，而且吃得相当杂，连排泄物也不拒绝。这些昆虫有时候被尊为"益虫"，可一旦和人类产生竞争，就会被打上"害虫"的标签。

人类的区分标准就是如此。分解尸体的过程中，蛆虫发挥着非常大的作用。但我刚才也说了，熊会专挑尸体上的蛆虫吃。各种各样的动物参与了尸体回归大地的过程。黑熊是靠杂食活到今天的动物，算是金字塔顶端的清道夫。我碰巧观察到死鹿被分解的全过程，把鹿换成人，结果应该也是一样的吧。

还真是，熊有尖锐的犬齿，也有能磨碎植物的臼齿。现代人总以为有本事吃人的大型野生动物都被隔离在动物园、

---

① 由个体分泌到体外，被同物种的其他个体察觉，使后者表现出某种行为、情绪、心理或生理机制改变的物质。

《黑星扁葬甲》长野县 2016 年

《背着虱子的四星花葬甲与蚂蚁》长野县 2016 年

保护区和深山老林里，自己根本不可能沦为动物的食物，其实并不是这么回事儿。

　　您小的时候，土葬是不是比较普遍啊？

　　我小的时候，村里一有老人家过世，街坊邻居家的大人就全体出动，挖坟的挖坟，做饭的做饭。当年老人都走得比较突然，在医院和病魔斗争好几年的情况相当少见。在我十九岁那年，祖母去世后也是土葬。装遗体的棺材是"坐棺"①，墓穴大概有两米深。我记得当时大人们提到，下葬时在墓穴深处挖出好几根老祖宗的遗骨。大概过去的人凭经验知道，只要挖到那个深度，动物就闻不出来了吧。那是我见证的最后一场土葬，后来就慢慢改成火葬了。在土葬的年代，墓穴挖得太浅，以致尸体被动物翻出来吃掉的事情肯定常有发生。

　　我读过一些民间传说，有人深更半夜看到穿着寿衣的死人到处走，原来那是背着尸体的动物。可以把这类故事理解成祖先对我们的警告。

　　我们常用的熊手（竹耙），顾名思义，是根据熊掌设计的。熊的前肢大而有力，能轻易把土翻起来。有一次，猎人朋友联系我，说有三头熊撞进了他用来抓野猪的笼子，一大两小。半

①将尸体以坐式入殓的棺材。

小时不到，我们赶到现场，却发现笼子里只剩个头儿最大的熊妈妈。仔细一看，原来熊妈妈在笼子下面挖了个三十厘米深的洞，把小熊放了出去。熊妈妈把前掌伸出笼子，只用爪子挖，一眨眼的工夫就把洞挖好了。别看它们个头儿大，脑子好使着呢，手脚也灵巧，否则怎么能从绳文时代一直活到现在。

有时我真想找头死鹿埋进地里，看看熊是不是真的会把尸体翻出来。

日本各地有"狼掘地三尺吃死人、死马"的民间传说。为了避免这类问题发生，人类动了不少脑筋。派人守墓、点篝火……听说四国地区有在坟墓或坟堆上插镰刀、挂镰刀的风俗，说不定这一招也是为了防范动物，或是防止死灵复活。

狐狸和狗也会挖土，貉估计够呛。这些动物虎视眈眈，人们自古以来便会在死者下葬后做一些防范措施。比如在西日本，人们习惯在葬礼上或坟墓前供奉日本莽草。我认为，这一习俗源自对野生动物的防范。日本莽草的日语名字由"邪恶的果实"演变而来。这种植物毒性很强，其果实被列为剧毒物质。动物们很讨厌它的气味。据说，古人不往棺材里放菊花，而是放日本莽草。

《室生寺的日本莽草》奈良县 2013 年

直到现在，很多古墓、古寺还种着这种植物。大概在土葬的年代吃过太多次动物的亏，古人才吃一堑长一智，用日本莽草防患于未然。

听说在伊豆半岛的伊东地区，曾习惯在坟堆上插日本莽草的枝条。祖先立这样的规矩肯定是有原因的，但原因渐渐被人遗忘，规矩便作为习惯保留了下来。民间认为，死灵会在盂兰盆节和春分秋分的时候下山，依附在日本莽草上。日本莽草也被称为"香花"。

古人在坟前供奉日本莽草，大概是为了防止野生动物靠近。随着研究的不断深入，人们掌握了这种植物的加工方法，把叶片和树皮晾干磨成粉，久而久之发展出焚香文化，传承至今。为提防黑熊，我总随身点上蚊香，不仅防熊还防虫。

您当初为什么要拍摄"死亡"主题的照片呢？在当年的动物摄影界，拍这种照片肯定要冒很大的风险吧。

佛教绘画《九相图》让我产生了这个念头。它分九个阶段描绘了暴露在野外的尸体的变化过程，以图解的形式讲述了人死后肉身腐败变色，最终化为白骨的全过程。人们常说画上的

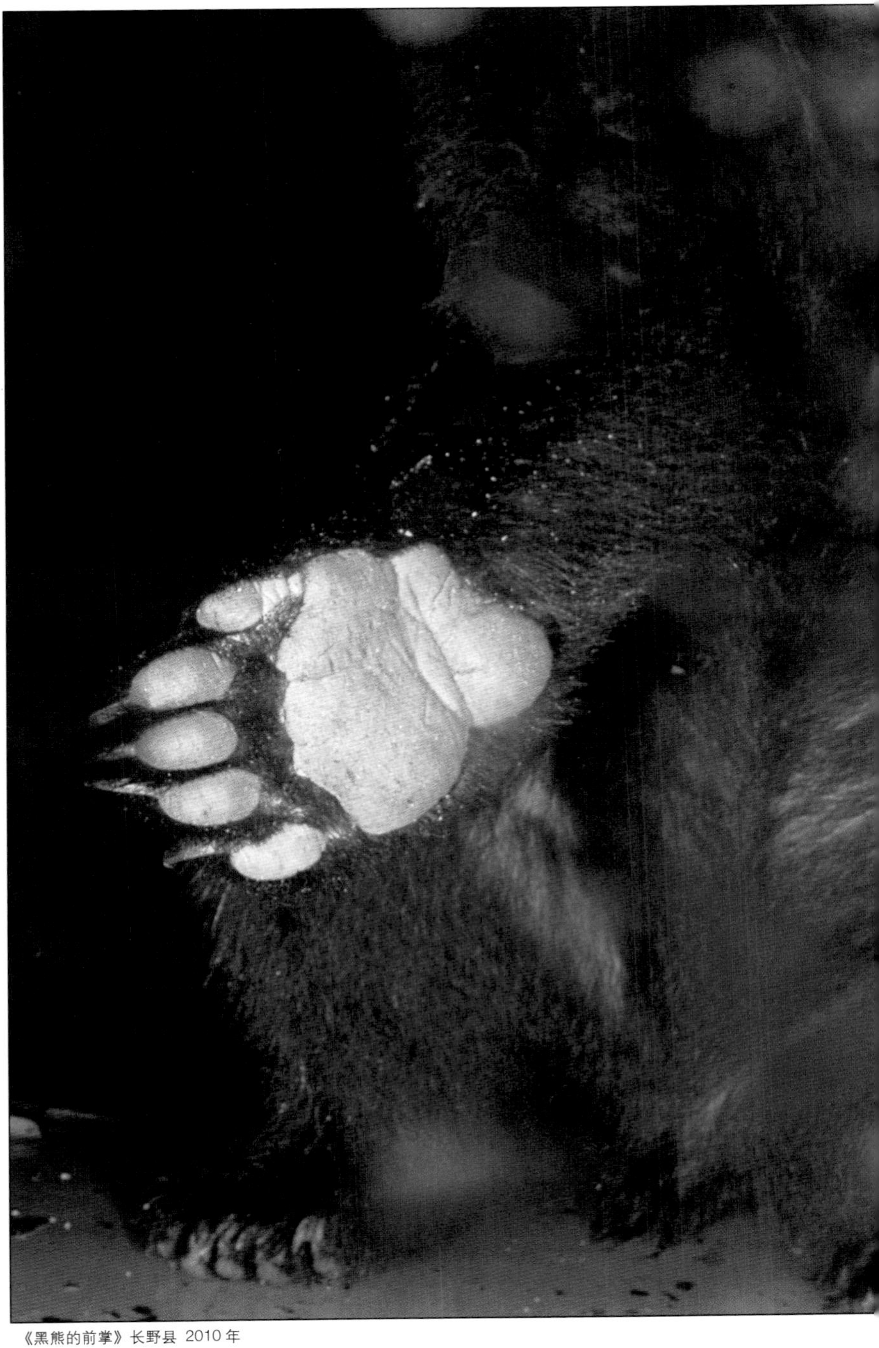

《黑熊的前掌》长野县 2010 年

主人公是小野小町[①]，暗示着即便是绝世美女也终有一死，强调人世间的无情与缥缈。我不能拿人做实验，就请动物当模特。《九相图》中有尸体被鸟兽啃得不成样子的场景，古人还把处理尸体的清道夫画出来了。

藤原新也的影集《Memento Mori：勿忘死亡》（情报中心出版局，1983年）里，有一张在印度恒河拍摄的照片，主角是正在吃人类尸体的狗。旁边配了一行字："人类无拘无束到被狗随意啃食。"看过这本影集的人都很震撼，曾几何时，这样的光景在日本司空寻常。现代社会思考死亡的机会越来越少，人们才会觉得这样的照片很有冲击力。如果大部分动物吃人肉，那"吃人熊"的叫法就有点说不过去了，它是建立在动物不吃人的前提下。

食肉动物的"口味"因个体而异，不过应该都吃人。吃（捕猎）与被吃（被捕猎）的关系在自然界理所当然，却被人类忘得精光，人们才会瞎嚷嚷"吃人熊"，闹得沸沸扬扬。

对了，我还遇到过这么一件事。鹿角可以当室内装饰品卖，有个猎人把打到的鹿埋在山里，想等尸体烂到只剩头盖骨再运走，这样能省不少力气。过了一个星期，他回到埋死鹿的地方一看，尸体已经被挖出来，没了踪影。

[①]日本平安初期女诗人，与中国杨贵妃、埃及艳后并称为"东方三大美女"。

我有个做猎人的表亲。有一次，他在林子里看见一头硕大的死鹿被挂在落叶松的树枝上，距他的头顶十米高。他没有深究死鹿为什么会出现在树上。但我一下子就猜到这是谁干的好事，搬得动这个大家伙的只有熊。我亲眼见过一头小熊把四公斤重的量斗藏到树上，空手下来。高处的树枝比较细，成年熊爬不上去，肯定是体能比较弱的小熊干的，这样就能独享食物了。

　　听到这里，我不由得感叹，我们人类有良知，大人不会从小孩手里抢食物，也可以说是社会发挥着应有的作用。不过要是把大家丢进原始的自然环境，说不定人会做出和熊一样的事情。

　　类似的故事还有很多。一天，我的一个猎人朋友发现了两头熊，打死了其中的一头。熊实在太重，一下子搬不动，他就在现场剖开熊的肚子，把内脏处理完就回家了。第二天，他带着几个人回去一看，发现熊身上最肥美的部位已经被啃掉了一半。当时是十一月下旬，正是熊快要冬眠的时候。我猜测是那只幸免于难的熊回来把同伴吃了。后来我了解到，熊会主动吃掉同类，这印证了我之前的猜测。毕竟公熊有时候为了交配，会把母熊身边的小熊吃掉。

　　这就是"同类相残"啊。据说"二战"期间，饥饿的士兵在前线吃过人肉。最近的发掘调查显示，尼安德特人和其他黎明时期的人类有食人的习惯。这么看来，我们人类也不例外。

小动物平时不会袭击熊，但熊再厉害，死后也会沦为小动物的吃食，看来"弱肉强食"这个词并不适用于所有情况。要是没有"捕猎与被捕猎"这个前提条件，"强肉弱食"也有可能发生。个头儿再大的动物一旦断气，就会变成最弱势的一方，只有被吃掉的份儿。

死在自然环境中的动物都会被吃掉，没有例外。日本众多的清道夫中，黑熊站在金字塔塔尖。熊的饮食习惯很有意思，举例来说，以木曾山脉朝南的山坡为领地的熊不吃死鹿，就算偶然碰到，也只是瞧上两眼就走掉了。我没有做过大规模的调查，不确定为什么会这样。不过据我猜测，有些地方的熊就是不爱吃死鹿，口味不同的群体，活动范围正好隔开，互不打扰。说不定有的熊特别爱吃鲤鱼，有的放着眼前的蜂窝不掏，只吃胡桃，这些个体的存在一点都不奇怪。熊是杂食动物，跟人类一样有不同的口味偏好，爱吃的东西各不相同。走进山里看看就知道了，它们能吃的东西到处都是，肯定有的挑。可是直到现在，报纸、电视等媒体还动不动就说"山里没有吃的，熊才会进村"，简直太荒唐了。

听说生活在非洲伊图里森林里的姆布提俾格米人为了避

免森林里的植物被采光，相邻的几个村庄平时会拿不同的植物做食物和药品（《森林的狩猎民族：姆布提俾格米人的生活》，市川光雄著，人文书院，1982年）。熊没有发展出这么高级的文化，只靠个体的偏好巧妙区分了活动范围。总而言之，无论是人还是其他动物，饮食习惯会受环境和经验等因素的影响。

对了，人和熊在过去是"你吃我，我吃你"的关系吗？

在这一点上，我觉得双方的关系并不对等。八岳山麓有一处叫"尖石遗迹"的绳文遗址，考古学家在那里发掘出大量鹿、野猪等动物的骨头，但熊骨的数量少得可怜。这不正体现了当时人类与熊的力量对比吗？绳文人打得了野猪和鹿，却无法拿下体形庞大、力气巨大的熊。只有碰巧发现死熊的时候，捡回来吃两口，或是用熊的毛皮与骨头做点什么。

阿伊努人会用抹了乌头的毒箭猎熊，或是搜查树洞找冬眠中的熊。但是对绳文人来说，猎熊的难度高了点。

人类一般会把多余的营养成分排出体外，只将脂肪储存在体内，通过其他动物摄取脂肪是关乎生存的重要使命，现代人却总想通过减肥消耗掉好不容易摄入体内的能量。在进入"饱食时代"之前，人类是捕猎者，同时还要和其他动物争夺宝贵的动物死尸。人是灵长类动物，原本和猴子一样，主要吃水果、蔬菜和昆虫。后来人学会了用火，可以加热食

《想沾黑熊光的貉》长野县 2013 年

物，于是渐渐养成吃动物死尸的习惯。尽管吃肉的灵长类动物不止人类一种。

　　肉是高蛋白、高热量的宝贵营养来源，很久很久以前，人和其他动物一样，是"吃与被吃"世界的组成部分。使用工具让人类站上食物链的顶端，忘记了这层关系。人类以"万物灵长"自居，可一旦死去，便会沦为其他动物的盘中餐。我始终认为，"你吃我，我吃你"是"共生"的意义所在。

乌鸦在日本人心目中的形象是搞乱垃圾堆放处的讨厌鬼。在西方世界，乌鸦因聪慧的头脑被视作上帝的使者。无奈它们通体乌黑，叫声吓人，遭到人类厌恶。日本虽有八咫乌为神武天皇带路的传说，却无法抹去人们对乌鸦的负面印象。不过宫崎老师说，乌鸦对人类来说非常重要。

乌鸦的垃圾回收法

叼着螃蟹的乌鸦 北海道 2000 年

我去北海道积丹半岛的港口时，刚好看见渔船一艘接一艘回港。渔民和家人们把岸边回收的固定网搬下船之后，动手取下挂在刺网上的鱼，那些受伤严重、体形太小、没有市场价值的鱼被一条条扔回海里。这时，在一旁蹲守多时的乌鸦和海鸥纷纷飞了过来。对鸟儿来说，抓奄奄一息的鱼和死鱼比抓活鱼轻松得多。鸟儿大快朵颐，渔民们装出一副什么都没看到的样子。大概他们觉得，鸟儿帮着吃没用的鱼，自己就不用费劲善后了。这些鱼要是就这么放着，肯定会渐渐腐败，污染港口环境，多亏了这些动物，才避免了这种事情的发生。它们及时清理尸体，促进大自然的生态循环，为美化环境贡献了一份力量。

七十年代，丢在东京湾"梦岛"的垃圾里混着许多厨余垃圾，引得无数乌鸦、海鸥和其他小鸟天天飞去觅食。浮在海上的小岛没有可怕的野猫，每天都有新鲜的垃圾源源不断地从东京各地运来。对鸟儿们来说，那就是不折不扣的梦幻小岛。可惜从前的"梦岛"已经被填埋，改造成公园，安装了体育设施，

吃乌鸦的乌鸦 北海道 2007 年

再也找不到当年的影子了。

海鸥承包了大海到海岸线的区域。到了陆地，乌鸦挑起大梁。乌鸦不受待见，却发挥着"陆地清道夫"的重要作用。

大家都见过乌鸦在闹市区的垃圾堆翻找残羹剩饭的情景吧，很多人因此十分讨厌乌鸦。垃圾袋里的绞肉对乌鸦充满致命的诱惑。把肉暴露在空气中不管，会滋生细菌和其他有害物质，威胁周围生物的健康。火腿、香肠、鱼肉山芋饼、鱼糕等加工食品，原材料中有鱼和其他肉类。虽然外形变了，但是对乌鸦来说也是美味。乌鸦吃人类扔的垃圾，其实是在帮人类打扫街道。乍一看它们把街道弄脏了，但这就是乌鸦特有的"垃圾回收法"。人类每天产生大量未消耗尽的厨余垃圾，嘴里还叫嚣着"资源回收再利用"。动物们每天却以"吃"的方式默默地为自然界展开资源回收与清洁工作。

好好看看生命的尾声

　　宫崎老师长期跟拍梅花鹿的尸变过程，这次他允许我去他的拍摄地参观。当时宫崎老师在山上发现了一头被困死在陷阱中的鹿，他请猎人割爱相让，然后在鹿死去的地方安装了无人相机，定点观测，追踪尸体的变化。我本以为会在拍摄地看到一具硕大的尸骨，没想到已完全看不到鹿的痕迹。

我在这里装相机是三年前的事了，那头死去的鹿已经基本回归大地，现在只剩下了一点点碎骨头。发现死鹿的时候正好是盛夏，气温很高，尸体腐败的速度特别快。狐狸、日本貂这样的食肉动物不吃急剧腐败的尸体，大概是出于本能觉得腐败菌对健康有害吧。有几只动物来瞧过死鹿，可就在它们犹豫要不要吃的时候，苍蝇捷足先登，在尸体上产了卵。一眨眼的工夫，尸体就被大量蛆虫覆盖。然后，熊就过来吃蛆。到了这个阶段，死鹿身上的蛋白质会以惊人的速度消失。如果是现在这样的季节，不到十天就只剩骨头了。要不了多久，蛆虫也会消失，只留下齐齐整整的骨架。骨头内部有骨髓，我以为会有什么动物过来咬碎骨头吃掉骨髓，可惜尸体在夏天从肉到骨髓同时腐败，连吃骨髓的动物都没见着。

　　森林里没有冰箱，看来能吃上"刺身"的季节有限啊。我感觉动物与微生物在竞赛，看谁先把尸体分解掉。让尸体腐败，说不定就是微生物的战略，防止动物们把营养源抢走。
　　您刚才说那时候的骨架齐齐整整，为什么现在只剩下零星碎片了呢？

　　到了冬天，田鼠、松鼠、狐狸等动物会把骨头叼走，啃骨头补钙。对它们来说，

《吸食蛆虫的黑熊》长野县 2013 年

一点点骨头就够了。因此，鹿的白骨不会一下子少很多，而是在两三年里慢慢变少。

三十多年前，有个二十多岁的青年在北海道的大雪山不幸遇难，后来人们发现了他的白骨。新闻里说，尸体被发现时，从头到脚的骨头都完好地保存在一处。骨头不会立刻七零八落，这正是夏季尸体的特征。

您平时靠探测体温的红外线传感器控制快门，拍摄没有体温的尸体时，快门岂不是只会在有动物来的时候才启动？

我想定期拍摄尸体的变化，就提前设定好程序，即使没有动物，相机也会每隔三十分钟或者两小时自动拍一张照片。我之前出版的影集《死》（平凡社，1994年）就是这么拍出来的。

原来您有两手准备。一是定时拍摄；二是不定期拍摄，有动物来了再拍。

起初我一直觉得不可思议，为什么我们经常能看到野生动物，却没什么机会看到动物的尸体？活着的动物那么多，死掉的动物应该也一样多啊，为什么总是见不到呢？有一次，我在雪山上发现了一只老梅花鹿。它卧在一棵树的树根附近，一动不动。我心想，它是不是快不行了？连续观察了几天，它果然死了。谁知才过了一个多星期，雪地里的尸体就不见了。尸体究竟是怎么消失的，我想把整个过程拍下来，这就是我拍摄动物尸体的契机。

也就是说，您要为解谜留下证据。

为了实现这个目标，从发现尸体到尸体消失，我必须固定相机，长期跟拍。这绝对是一项以年为单位的大工程，我得先给相机做好抵挡狂风暴雨的保护罩，确保相机无论在怎样的天气条件下都能完成拍摄。保护罩完工后，再把单反相机装进去，接一套快门遥控装置，定时控制开关。为了确保夜晚也有合适的曝光度，我亲手做了一套闪光灯配件，设定程序，让闪光灯在快门启动的同时发光。

无论是拍摄周期还是准备周期，都比拍其他东西长很多。

是啊，不折不扣的"持久战"。

开始拍摄"死亡"系列的时候，正赶上日本各地鹿的数量激增，兽害频发，舆论朝着"驱除害兽"的方向发展。于是，我拜托猎人把落入陷阱的死鹿留在原地，开始跟踪拍摄。

这样拍出的照片能清楚地反映尸体的变化过程。很多人以为动物的尸体不会移动，其实不然，尸体会缓慢运动。如果动物死在夏天，没多久马蜂和它的同伴们就会飞来，用嘴从尸体上撕下新鲜的肉片，加工成肉丸子，运回蜂巢喂给幼虫。

您的意思是，尸体会在其他动物的作用下"运动"。哪些动物会被尸体吸引过来呢？

蛾、蝴蝶会来吸食尸体的体液。松鼠会扯下一小撮肉走，大概为了获取脂肪吧。要是松鼠的尾巴上没有蓬松的绒毛，它们跟老鼠没什么区别。还有野猪，烂得一塌糊涂的尸体也吃，可见它们能消化腐败得相当严重的肉。

夏天尸体腐败得非常快，麻蝇、丽蝇等蝇类会立刻被腐臭吸引过来。它们能根据尸体的气味判断下一阶段的腐败程度，在尸体的眼睛、鼻孔、耳孔、肛门周围集中产卵。内脏腐败后产生的体液会通过这些联通外界的洞口流出，在洞口周围产卵，小蛆虫就能顺着体液入侵内脏。第一批苍蝇过来产卵，长出蛆虫之后，还会有源源不断的大苍蝇过来，绕着尸体飞来飞去，吸食渗出的体液。至于蝇类的数量，和尸体（也就是猎物）的大小挂钩。接着就轮到马蜂抓苍蝇吃了。随着尸体新鲜度的下降，马蜂会将目标切换成活的苍蝇，这让我不由得感慨：多么强大的生命力啊！

再过一阵子，就轮到埋葬虫登场了。它们会钻进尸体内部。到了这个阶段，尸体表面会因体内蠕动的大量蛆虫与埋葬虫呈现明显的起伏波动。

《爬满苍蝇的姬鼠》长野县 2015 年

《吃梅花鹿的野猪》冈山县 2012 年

《走向白骨的松鼠》长野县 2013 年

一具尸体为整个环境注入了活力。时间、气候的变化与各种动物的相互作用，共同编织出"死亡的尾声"。照片主题明明是冷酷无情的"死亡"，画面却充满了生命力，甚至有几分诗意。

冬天的尸体和夏天的有什么不同呢？

冬天太冷，昆虫无法活动，尸体要靠野鸟和哺乳动物分解。自然界有的是动物时刻等待其他动物死亡。

低温有助于保存尸体，吃死尸的野鸟和其他动物会齐聚在尸体周围。大小动物常常为了一具尸体大打出手，或者让来让去，谁都没法静下心来吃个痛快。动物们都想太太平平地吃顿饭，扯块肉赶紧走，它们搬不动比自己大得多的尸体，只能把尸体拆分成前肢、后腿，连肉带骨头一起叼走。鹰雕、金雕、松鸦、乌鸦等野鸟一有机会就飞下来吃。有时候，其他动物会以鸟喙啄出来的小洞为突破口，分解尸体。

如此反反复复来上几轮，现场就找不到尸体的痕迹了。

简直是完美的犯罪现场。我们是不是可以根据尸体的状态倒推出死亡的季节啊？

嗯，夏天和冬天处理尸体的动物完全不同，最好推测。春天和秋天属于过渡性季节，可以根据动物的出场顺序推测，顺序会受当时的温度和湿度等因素影响，发生微妙的变化。每个季节都有最合适的动物出场，分解尸体，这项工作一年四季都在有条不紊地进行。

之前我还拍过猴子的尸体。尸体消失后，现场居然长出了蘑菇，而且完全沿着尸体的轮廓长出来。当时我就想，要是能观察到真菌、细菌这些肉眼看不见的生物的变化，那所谓的"完美犯罪"大概很难实现吧。

掩埋尸体的土地上长出的植物成了搜寻死者的线索，这是推理小说和电视剧里经常出现的桥段。鉴定科肯定搜集了很多这方面的数据吧。

食草动物与食肉动物无法通过光合作用自行合成能量，它们是直接或间接的植物消费者。这些动物的尸体经过分解者的努力回归大地，化作真菌与植物的苗床。通过您的"死亡"系列，我们可以清楚地看到这样的循环过程。植物是唯一能将周遭环境中的无机物合成有机物的生产者，而所有的有机物又会逐步被分解成其他动植物可以利用的状态。

食肉动物的口味各有不同。有的爱吃新鲜的肉，有的也吃点腐肉，比如熊、貉、野猪、老鼠，等等。"食域"多样，正是大自然最有趣的地方。如此一来，在尸体的每一个腐败阶段，才会有不同的动物循着微妙的气味找来，轮番上阵处理。

一具尸体被逐渐分解的过程建立在复杂又微妙的平衡

《落在雪中梅花鹿尸体上的松鸦》长野县 1994 年

《雪地上的梅花鹿尸体》长野县 1994 年

《吃梅花鹿尸体的貉》长野县 1994 年

《吃梅花鹿尸体的狐狸》长野县 1994 年

《吃日本猕猴尸体里冒出的蛆的白腹蓝鹟》长野县 2012 年

《日本猕猴的尸体被分解后长出的蘑菇》长野县 2013 年

上，简直就是一出以尸体为舞台的大戏。"死亡"系列的主角原本是尸体，吃尸体的动物只是配角，但是随着剧情的推进，主次颠倒，非常有意思。唱主角的逐渐消失，被配角取代，最后只剩下舞台布景。

无人相机系统不怕刺鼻的腐臭，拍摄这种题材的时候会特别好用吧。

是啊，不过我总得去换电池和胶卷。天热的时候，的确会闻到特别浓烈的腐臭。可惜照片没法把气味体现出来。

各种各样的生物参与了分解的全过程。春夏秋冬，都会有当季最活跃的生物出场，把尸体当食物处理掉。就像我刚才说的那样，骨头被食肉动物叼走，连骨髓都被吸得一干二净，分散到四面八方，最终成为活动范围较小的田鼠等小动物的钙质来源，慢慢回归大地。在自然中，食肉动物往往扮演着"钙质快递员"的角色。深入分析一下就会发现，各种动物在自然界分工合作，谁都有大展身手的机会。死亡同时是新生命的起点，自然界的死亡并不意味着物质层面的终结，物质会由其他生命继承下去，延绵不绝。这一点在日本人的生死观里也有所体现，古人不是觉得死者会升上小山丘或者森林，变成"祖灵"，最后成为神明吗？

日本人素来重视神灵镇守的森林，认为那是圣域。原来日本人的这种生死观有物质层面的旁证。日本人习惯把墓地

《梅花鹿的尸体》长野县 2012 年

《梅花鹿尸体上长出的蛆》长野县 2012 年

《走向梅花鹿尸体的狐狸》长野县 2012 年

《啃食梅花鹿尸体的日本貂》长野县 2012 年

称为"山"，印证了"山中他界观"①的存在。挖墓穴的人被称为"造山者"，看来山林与死亡真的存在某种联系。说不定所谓的"禁林"和冲绳的部分"御岳"②以前就是埋葬死者的地方，可惜考古学领域的发掘调查极为偏重平地，御岳又属圣域，无法开展发掘工作，更不可能把当地的东西带出来，因此，对这方面的研究非常有限。

通过您的照片，我们可以清楚地认识到，死亡并不是终点，而是一个完整过程的一部分，生与死无缝对接，没有一刻停顿。一切紧密相连，绝无间断。

我想通过尸体讲述一个关于轮回的故事。将镜头对准自然界中的死亡之后，我意识到"生"其实建立在"死"上。形形色色的动物分工合作，谱写了死亡的尾声，传递生命的火炬。这是一个有机的连锁反应。

要是放着尸体不管，必然会滋生腐败菌、霍乱菌等难缠的病菌，污染周边的环境，威胁动物的健康。多亏动物、昆虫和肉眼看不见的微生物及时将尸体分解，消除毒素。自然已经构筑起一套分解机制，把有害细菌扼杀在摇篮里。有些昆虫体内甚至自带防腐剂，比如埋葬虫。这套分解机制存在于自然之中，参与其中的生物仿佛天生设定了某种程序，生来就知道自己要

---

①认为人死后灵魂不会到一个与人间完全隔绝的世界，而是聚集在山中。
②日本冲绳地区对圣地的统称。

活成什么样子。埋葬虫、蚂蚁、苍蝇、老鼠与乌鸦聚集在尸体与腐败物质周围，不受人待见，可要是没有这些清道夫，环境将无法得到净化，后果不堪设想。

就像体育场观众席上的人浪、田径比赛里的接力跑。在各种生物的帮助下，"死"慢慢迎来尾声。不过我认为，"生"也有尾声，许多生物活着的时候就已经缓缓走向死亡了。比如，眼睛、耳朵和内脏的部分功能会"死去"，等问题严重到无法维持个体生命的时候，真正的死亡就会降临。当然，对野生动物而言，部分的死亡来临的一刹那，被其他动物捕猎的可能性会随之上升，使它们更接近死亡。

放弃土葬，改用火葬，意味着人类成了单方面压榨自然的动物。白白死去，没有把堆积在体内的营养还给自然，脂肪也好，蛋白质也好，都被一把火烧得精光。自然界中这样的尸体处理算得上特例，没有其他动物用同样的方式迎接死亡的尾声。现在活着的几十亿人在不断消耗能量，死后被送到火葬场烧掉。可是在偌大的地球上，并没有几种动物比人类体形庞大，这意味着无数庞大的营养源没被回收再利用就化为灰烬。

当我们看到亲人火化后留下的灰烬，强烈的空虚感和悲哀会扑面而来。或者说，当人们一下子面对物质层面的终结会让人感到不是滋味。我希望可以在死后回归自然，可能的话，不

《落在梅花鹿尸体上的雪》长野县 2012 年

《梅花鹿尸体上的积雪》长野县 2012 年

《崩落的积雪》长野县 2012 年

《在梅花鹿尸体上奔跑的野兔》长野县 2012 年

用火葬这种"突然说永别"的方式，而是用土葬的方式慢慢回归大地，或是干脆死在山里。

我小的时候，像今天的集体公墓那样与日常生活隔绝的墓地很少见，故人就葬在自家附近，而且是土葬，大家随时都能去探望死去的亲人。如果老人家大晚上出门，多年是去墓地跟故人说话了。火葬将这些对生者来说非常珍贵的时间与关联拦腰斩断，我不太喜欢这种方式。在医院出生，在医院死去，最后像流水线上的货品被推进火化炉。当今时代，人们越来越难直面生死了。

在中国西藏和内蒙古等地区，有一种丧葬方式，让鸟啄食死者。日本冲绳等地的部分地区在"二战"后的一段时间内还保留着"风葬"①的传统，不过现在已经看不到了。人们大概愿意相信：人类是最特殊的。然而在自然中，人类的死亡本根本就和其他动物没什么两样。怎么说呢，死亡是自然的一部分，死与生是有机相连的、不可分割的，您的照片充分体现了这一点。

自然界有很多生物的生命建立在其他动物的死亡之上。照理说，包括人类在内的所有生物都会被其他生物吃掉，自然而然地消失不见。最近我越发觉得，作为自然界的生命个体，最

①将尸体放置在野外，令其自然风化。

后能以这种形式消失才是最幸福的。让众多生物从自己的尸体上获取养分，延续生命，这是死亡的理想状态。一定要把死亡简单归结为物质层面的终结吗，就不能从生态循环的角度重新认识死亡吗，这是我的拍摄主题，可惜人们总是对这个系列敬而远之，我没什么机会发表，可能大家不想看到那些画面吧。

您的作品围绕自然的死，也就是自然而然地死展开。这里的"自然"不只是名词，还有副词的含义。

您之前出版过一本书叫《吃死》（偕成社，2002 年），讲述的是由死到生的生命接力。"吃"这个行为意味着直接或间接的"杀"，我们平时很少意识到，一日三餐本质上夺走了很多生物的生命，人类获取了它们体内积累的能量。随着家畜养殖的不断发展，人类实现了对能量的高效管理。日本历史上曾将"吃动物的人"和"杀动物的人"完全分离，后者备受歧视，导致如今我们很难清楚地认识到自己是在"吃死"。

我想通过这本书表达一个道理：包括人类在内的所有动物都要靠获取其他生物的生命而活。很多人对此已经麻木了，在超市看到包装好的肉类商品，不会去想它们原来的模样。无论你吃的是寿司、汉堡还是炸鸡，本质上都是在吃"动物的死"。日本人习惯开饭前双手合十，说句"我开动了"，这个习惯是怎么来的，说法有很多，不过我一直觉得，双手合十这个动作有

《寿司》长野县 2014 年

吊唁的含义。从上古
时代开始，动物就依
靠栖息在广漠大地上
的其他生物生存，从
它们那里获得生命循
环的能量，最后以同样的方式回归大地，无一例外。只有完成
这一循环，才称得上"自然界的一分子"。

"不直面自然"可以和"不直面死亡"画等号吧。

死亡的确很残酷，让人无法直视。好多动物摄影同行都埋
怨我："你怎么能拍那种东西啊。"可是有多少次诞生，就会有多
少次死亡啊。在讲述自然的过程中，这个肮脏、腥臭的世界是
绝对绕不过去的。不能只对生命的开端大唱赞歌，也得好好看
看生命的尾声。

市面上有很多以"动物宝宝诞生"为主题的影集日历，
但您的"死亡"系列不太适合做成日历（笑）。每翻一页，
人们就会意识到自己离死亡更近了一步，简直是一本提醒死
亡的日历。我觉得，死亡离我们的日常生活太远太远了。

如果把《九相图》比作没有文字的图画经书，您的"死
亡"系列就是这类经书的影像版吧。

《从死貉身上拔毛的大山雀》长野县 2016 年

我不仅想通过照片这种视觉语言呈现九相图式的生死观，还想把自然界的生态循环展示给每个人。

取动物尸体的毛皮加工成御寒用品或其他生活用品可不是人类的专利，鸟儿也会这么干。春天有动物死后，大山雀等野鸟会来拔毛。毛发被回收利用，成为繁衍下一代的育婴床。雏鸟离巢后，大鸟不再打理鸟巢，细菌和吃毛发的各类昆虫就渐渐冒了出来。冬天来临之前，巢里的毛发会被分解干净，连渣都不剩。这样一来，动物尸体的一部分为即将诞生的新生命服务，得到了二次利用。完成使命后，它们便回归自然。

自然中的死亡没有任何冗余，所有元素环环相扣。人们往往把死亡看成无意义的、非常可怕的事，殊不知"死"和其他生物的"生"一脉相承。

我刚才说，动物会拿尸体的毛发做窝，可要是"建材"里混进了人类生产的塑料、化纤等东西会怎样呢？这些人造材料永远都不会被分解，它们就这样留在树洞和其他做窝的地方。要是只生产大自然能重新利用的物质并把产量控制在生态系统能处理的范围内，就没有任何问题了，可人类就很容易干出超越这个循环机制和环境承受能力的事。

我已经跟老婆打过招呼，要是我哪天快死了，千万别抢救。自然界里既没有福利保障制度，也没有医院，动物在山上骨折了，只有死路一条。既然来到这个世上，就竭尽全力地活下去，死的时候也别拖泥带水。这话听起来挺没意思，但大自然和动物们告诉我，这样的活法最可贵。

《梅花鹿的颚骨》静冈县 2014 年

第 **3** 章

人类的力量，自然的力量

核灾难后欢脱的动物们

二〇一一年三月十一日东日本大地震与它引发的核电站事故给生态环境带来了一场浩劫。无论是影响范围还是影响时间，都远超日本此前发生的任何一场自然灾害。福岛第一核电站的封堆工作至今仍未结束，可能需要四十年甚至更长的时间。这场地震将人类活动与自然活动在规模上存在的巨大差异清清楚楚地呈现在我们面前。长年通过镜头关注自然的宫崎老师如何拍摄灾区，又有怎样的思考呢？地震发生一个月后，宫崎老师开车载着援助物资深入灾区，架起无人相机开始了长期跟拍。

大地震发生一个月后，我去了趟被海啸侵袭的东日本沿海地带。我去的很多地方出现了救援物资过剩的情况。实在没办法，我只能将带去的东西原样带回。

　　仙台市有个地方叫"蒲生浅滩"，是鹬、鸻等候鸟的南来北往的歇脚地。四十多年前，自然保护组织为了保住这里，发起了反对填海造地的运动。如今海啸一来，填筑地全被冲走了。一度被人类夺走的地方最终在自然的力量下物归原主，渐渐变回原来的模样。说句不中听的，人类最初就不该染指这片土地。

　　人们为填海造地闹得不可开交的时候，自然保护组织强烈呼吁，浅滩是候鸟的休息站，能为候鸟提供食物。可是在开发商眼里，那不过是片普普通通的沼泽地，如果改造成亲水地带，能带来经济效益。争到最后，那里建起了新兴住宅区，直到大海啸把那片地方重新变回沼泽。

　　江户时代以后，日本一直在海岸线上围垦、建堤。人类太自大了，以为防波堤能挡住海啸，抱着盲目乐观的心态，觉得那么大规模的自然灾害不可能发生，因此，这次的大海啸才会造成如此巨大的影响。甚至可以说，这次大海啸卷走的是妄图战胜自然、统治自然的"近代日本"。海岸线的风景瞬间倒回江户时代以前。可有些地区还试图用更高的混凝土墙把海岸线重新围起来。

　　去南三陆町的时候，我发现一片区域被海啸卷来的稀泥覆

《南三陆町的貉脚印》宫城县 2011 年

盖着，上面布满貉的脚印，就拍了张照片。貉经常去水边找吃的，可能走着走着，就走到了这片被海啸冲刷过的地方。当时谁都没把动物的脚印放在心上。其实地震刚发生的时候，人们如果顺着被腐臭引来的动物留下的脚印去找遗体，说不定效率会更高。

　　一天，我看到电视上在播东松岛市挖临时墓穴的画面。来不及火化，当地人便把遗体暂时埋进土里。我仔细一看，发现墓穴只挖了一米多深，就赶紧联系当地的朋友，让他帮忙提醒有关部门把洞挖得再深一点。墓穴挖得太浅，可能轻易就被动物们翻开了。

　　当时我也在电视上看到了临时埋葬的画面，可没想那么多。听说您在放射性物质污染严重的"返家困难区域"安装了无人相机，是吗？

　　我在福岛县川俣町的学校操场发现了动物的脚印，征得当地教育委员会的同意后，安装了无人相机，果然拍到貉、野猪、果子狸等野生动物，还有看起来品种名贵的猫。没有人烟的返家困难区域变成动物天堂大概只是时间的问题。川俣町有个地方可以俯瞰临时住宅区。当时我在那里装了相机，只拍到猫、

《夜景与果子狸》福岛县 2013 年

《来到学校操场上的猫》福岛县 2013 年

狗、老鼠等动物，如果坚持跟拍，肯定能拍到各种各样的动物。

它们说不定是和主人失散的宠物。返家困难区域的家畜要么卷入弱肉强食的生存竞争，要么压根就没逃出来，死在了畜舍。

多残忍啊。

地震才过去两年，灾难发生时陷入一片漆黑的福岛市如今已灯火通明。我找了个能俯瞰市区的位置，征得土地主人的允许，装了无人相机。即便只拍了两个晚上，还是拍到了貉与果子狸。装相机的初衷，是想模拟野生动物的视线，看一看城区的灯光。

地震刚发生的时候，东京也有很多霓虹灯熄灭了，城市整体的亮度让人觉得很舒服，像欧洲的城市。可惜没过多久又变回了原样，到处都亮得晃眼。东京、香港这些东亚城市就喜欢把街道搞得亮堂堂的。看卫星照片的时候，这些城市特别显眼。

核电站带来了方便，也让我们经历了那场严重的危机。地震之后，我首先想探究的是人们对电力的认识发生了怎样的变化。我一直在琢磨，大家虽然总把"复兴"挂在嘴边，可把生活拉回毫无节制地用电的水平是真正意义上的复兴吗？不浪费电，尽可能少用核电，逐步切换成可再生能源，对此我心怀期待，希望福岛能成为这项大事业的根据地。

"不依赖有限的化石燃料，提供稳定的清洁能源"，人们当年就打着这样的旗号大力开发核电站。可管理核电站费时费力，一旦发生事故，需要耗费大量的时间与精力善后。这次事故让人们意识到，核电其实一点都不清洁，存在不少缺陷。话说回来，返家困难区域这几年呈现出了怎样的变化，和地震刚发生的时候有哪些不同呢？

二〇一六年，我征得有关部门的许可，进入返家困难区域拍摄。那时水田和旱田已经长满杂草，风景和过去完全不一样了。喜欢在草地活动的兔子、雉鸡等动物明显变多了，野猪等大型野生动物的数量也有飙升的迹象。福岛滨海大道的六号国道车流量一直很大，因为这是负责灾后重建工作的承包商每天都要走的路。路边架了好多写着"注意野兽"的警示牌。

国道边上，一大群穿着白色防护衣的人正忙着收集落叶，美其名曰"除染"（清除核污染）。那幅景象仿佛在暗示人类无力抵抗。说句冒犯的话，我觉得那些工作人员的模样有些滑稽。

《禁入区的斑鸫》福岛县 2013 年

除染只针对住宅、农地及周边的极少数区域，广阔的森林并不包含在内。但放射性物质会源源不断地通过水、风等媒介从非除染区转移到除染区。二次污染就不用说了，这些物质甚至可能扩散到原本没有被污染的区域。一旦发生山林大火，就会引起污染物的二次飞散，现场的灭火人员面临被辐射的风险。现在的除染工作完全建立在放射性物质永远停留在同一个地方的大前提下。但自然不是固定不变的，被辐射的动物在不停地移动，根本不会理睬人类拉的封锁线。

对生物来说，危险的物质是会通过风、水、动植物与交通工具等媒介广泛循环的。人类依赖自然，却制造出无数连自然都处理不了的毒物。今后我们到底能凭自己的本事解决掉多少，还是个未知数。那些放射性物质可能污染环境几十年甚至更久，把它们用在发电上，我不觉得这有什么积极的意义。有民营公司计划在附近的宫田村建个放射性废弃物最终处理站，当地居民正在搞反对运动。

对农户来说，问题的确很严重。他们不得不铲掉适合耕种的表土，好不容易种出来的作物会因消费者的担心卖不出去。辛辛苦苦养的土就这么浪费了。现在开展的除染工作就像西西弗斯的神话，眼看石头就要滚到山顶，因为自身的重量又滚回了山脚，前功尽弃。除染不是说结束就能彻底结束，就拿饭馆村来说，几乎全是山林，如此草率地认定除染工作已经完成，未免有些说不过去吧。

听说您还去过切尔诺贝利核电站，是吗？

我是一九九六年去的，距离事故发生已经十年了。到了那里，感觉时间就像凝固了一样。自然的恢复能力真的很强，人类长时间管控的地方，一旦没人打理，马上就故态复萌。最先长出来的是杂草。到了第二年，杂草就长成了杂草群，它们对干燥度要求更高。再过几年，杂草群被树木取代……在切尔诺贝利，我亲眼看到植物们为百年以后考虑的成长战略。桦树的种子长着"翅膀"，能随风飘到远方。越是接近森林的地方，树木就长得越高。通过这一点，我们能看出森林是如何一步步扩大版图。耕地和周围的人造物品迅速被森林吞噬。

日本有句谚语叫"管它以后变成原野还是山林"①，没想到切尔诺贝利成了这句话的写照。日本大部分地区的气候温暖潮湿、雨水丰富，森林的恢复能力很强，的确算得上"放着不管就会变成原野和山林"的环境。

松尾芭蕉的俳句有云："往日兵燹之地，

①後は野となれ山となれ，
意为"只顾眼前，不看长远"。

《水边的骨顶鸡》福岛县 2013 年

今朝绿草如茵"[1]。切尔诺贝利一带的野生动物似乎已经开始大量繁殖，人类被辐射赶走后，出现了一大片没有"人压"的地方，野生动物们便安安心心地住下了。当然，在那里生活的动物面临着基因突变等问题，但大多数动物的寿命本来就比人类短很多，不会在体内积蓄大量的放射性物质。

野生动物的变异体一般很难在自然界存活下来，才会给人留下"数量少"的印象吧。如果是人，那就是另一回事了。

从二〇一六年到二〇一七年，我征得屋主的许可，在浪江町禁入区的民宅安装了四台无人相机，分别在玄关口、室内、院子和储物间。最让我吃惊的是，居然拍到了很多浣熊，还拍到了巨大的混血猪。为了躲避放射性物质，当地居民以最快的速度撤离，留下了家养的猪。逃出猪舍的家猪与野猪交配，便有了那些混血猪。我拍到的是有獠牙的大公猪，它们肯定会继续与野猪或其他混血猪杂交，繁衍出更多个体。瞧瞧无人村落的农田、院子和土堤，就会发现地面几乎被野猪翻了个遍，这些泥土上也许就堆积着从天而降的放射性物质。居民去别处避难后，民宅都空了出来。很多野生动物干脆住进房子里，那大摇大摆的样子，仿佛它们就是屋子的主人。

---

[1]译文引自《日本古典俳句选》，松尾芭蕉著，林林译，湖南人民出版社，1983年。

野猪的繁殖能力本来就强，人类把它们驯化成容易饲养的家猪后，进一步提升了它们的这种能力，而且家猪跟野猪还可以交配。我在一本叫《切尔诺贝利的森林：事故二十年后的自然志》（玛丽·米克著，中尾友加里译，NHK出版，2007年）的书里看到，事故刚发生时，被人们抛弃的狗和原本数量很少的狼交配，生出一大群混血狼狗。但狼的数量逐渐稳定之后，狼群就开始驱赶、追杀那些和它们竞争的混血狼狗，主动控制混血个体的数量。动物会在人类无法干预的地方慢慢构建属于它们的秩序。人类回归返家困难区域，意味着回到被动物占去半边天、人口密度急剧下降的地方。

　　我觉得返家困难区域的动物已经渐渐把主要活动范围从山林转移到曾经的乡镇。人类在大海与乡镇之间划定的分界线早就被海啸摧毁了，再看看返家困难区域的现状，可以说，辐射是肉眼不可见的"科学牢笼"，它将人类拒之门外，一手打造出今天的"动物王国"。野生状态在人类置之不理的地方重新复苏，被称为"再野化"，好像有人拍过相关主题的电影（《新的野生地：再野化》，马克·费柯尔克、鲁本·施密特导演，2013年），其实福岛早就完成了再野化。

　　核电站事故摧毁了山林与乡镇的分界线，催生出巨大的自然公园。单从表面看，苏醒后的自然打造出了不受人类打扰的动物天堂，可是这座天堂势必会受到人类留下的放射性

《闯进被其他动物弄乱的客厅的日本貂》福岛县 2017 年

《出入民宅的浣熊》福岛县 2017 年

《出入民宅的混血猪》福岛县 2016 年

《出现在储物间的日本鬣羚》福岛县 2017 年

物质的影响，只有能适应这种环境的个体才能存活。

核能是人为改变原子结构释放出来的能量。也就是说，这种技术破坏了自然与人力的界线。所谓的"核燃料循环"的终极目标是，在不依赖有限的化石燃料的前提下，在与自然完全隔绝的地方仅靠人工实现能量的循环。如果世上真的存在自然法则，人类就是"不法分子"了。人类和"无法扑灭的火"核能扯上关系，创造出违反自然法则的物质。

人类看似征服了自然，并试图用蛮力推动自己的齿轮。放射性物质很难对付，再优秀的植物、再厉害的细菌、再伟大的清道夫也只能吸收它们，不能将它们分解。所以说核电站事故的性质和海啸、台风等天灾完全不同，是彻头彻尾的"人祸"。

毕竟生态系统中的分解者只能把物质分解到分子层面。我觉得人类很可怕，能制造出自然无法分解的东西。放射性物质不过是其中的一种。铯137的半衰期是三十年，几乎有人的半辈子那么长。钚239的半衰期是两万四千一百一十年，钚240也要六千五百六十四年。想减轻放射性物质的毒性，唯一的办法是把它们隔离在安全地带，苦苦等待。这么危险的东西，我们既要把它和人类隔开，又要安安全全地管理那么多年，简直跟科幻片一样不切实际。

宫崎骏的电影《风之谷》描绘了被称为"火之七日"的核战争发生后的世界。故事中有一片叫"腐海"的森林，能够净化被污染的大气。可现实中的森林没有那种功能，生长在返家困难区域的植物一味地侵蚀人们曾经居住的地方，把乡镇变成鬼城。

日本电力公司给核能配的宣传语是"绿色环保"，简直一派胡言。核电站只不过不排放二氧化碳等温室气体，它产生的物质可比温室气体危险得多。为了过上便捷的生活，人类发明了核电站，用来补充电力供给，却招来威胁所有生命体的强大毒物，而且接下来的好几代人都不得不肩负起管理这些毒物的重担。

多么短视的技术啊。说得极端点，也许减少人类的数量才是最好的环保策略吧。人对环境的影响已经大到反过来威胁自身的地步，事到如今，不如干脆把"保护环境"改成"保护人类"算了，这样还没那么虚伪。

有时候我会想象，人类有朝一日灭绝了，自然会像什么事情都没有发生过一样，继续演化下去。只是人类一旦消失，"自然"这个概念就不复存在了。

人类总把"保护自然""善待自然"这类的话挂在嘴边，自己不过是受自然庇佑的生物，说这种话也太不知天高地厚了吧。核电站就是一种完全没为子孙后代考虑的设施。我们必须认真观察和理解生态圈固有的生态循环机制，充分认识到人类是其中的一分子。可惜我已过花甲之年，没有足够的时间见证福岛第一核电站的后续动态了。

　　源于自然的化石燃料基本不会在燃烧过程中产生危害生物的物质。比如二氧化碳，被人类归为温室气体，贴上负面标签。它的确会阻碍地球散热，导致气候变暖、海平面上升，但自然中的生产者植物要用二氧化碳进行光合作用，从这个角度看，它是生态圈不可或缺的物质之一。

　　二氧化碳不能有，放射性废料却没问题，哪有这样的道理啊。

　　您在福井县美滨核电站附近拍过一张海滩上满是泳客的照片。那边的海水因核电站排放的热水升温。这么看来，核电站算是一种海水加温装置，对全球气候变暖做出了"贡献"。照理说，不该有温室气体，核电站也不该被建造啊，可"核电站更环保"这种歪理邪说居然能蒙混过关。

　　我还记得，当时有好多人带着可爱的动物造型游泳圈来到那片能看到核电站的海滩，满不在乎地享受着海水浴。拍照时我不由得替他们捏了把汗，小瞧自然，怕是总有一天要出事啊。那张照片收录在《动物默示录》（讲谈社，

《美滨核电站与年轻的人们》福井县 1993 年

1995 年）里。很遗憾，"默示录"的说法竟然一语成谶。

美滨核电站、福岛第一核电站等核电站生产的电力输送到城市，一路上会产生大量损耗，不算"自产自销"。从另一个角度看，人们为了保障大城市居民的用电安全，把风险推给不得不发展核电产业的小城市。这块能源结构不对称的遮羞布被海啸冲走后，问题才真正暴露出来。

福岛的核电站事故的确是由自然灾害地震引起的，但有一点我要强调，地震、洪水等天地异变对人类来说是灾害，但不可否认的是，一些动植物会从中获益。比如，那些因堤坝、河岸崩塌而裸露的新鲜土壤，就是翠鸟、山翠鸟、崖沙燕等动物筑巢的好地方。地形变动很受有些动物的欢迎。人类为方便施工新挖的山坡，或是为改良土壤特意运来的沙土，会引来狐狸等动物做窝。要是台风或大雪折断了树枝，枝干伤口处会渐渐腐

上：《崖沙燕宝宝》北海道 2002 年
下：《狐狸》福岛县 2013 年

坏，形成适合动物居住的树洞。山林大火能促使某些植物种子发芽，还有些植物会因竞争对手减少而繁盛起来。

据说海啸过后，一度被列为濒危物种的雨久花一下子长起来，开得到处都是，可见有些植物一直在等待环境变化带来的生长机遇。"稳定的状态"并不是维持生物多样性的唯一条件。对人类而言，小规模的洪水能让土壤变得更加丰饶。当然，我上面说的仅限于适度扰乱自然的情况。

自然很顽强，某个地区的环境变了，自然会出现能适应这种环境的动植物，环境本身会随之进一步变化。被我们称为"灾害"的自然扰乱和二氧化碳一样，负面形象深入人心，但也有正反两面，某些动植物恰恰需要这样的变化。变化是有益还是有害，取决于面对变化的是哪一方。对人类来说，自然难能可贵，但也有暴力的一面，会带来灾难。关键是要找到一个刚刚好的平衡点。

《乌鸦窝》福岛县 2013 年

除了胸口的花纹，黑熊浑身上下裹着黑色的毛皮，个体识别的难度很大，而且黑熊的体形千差万别，小的跟牧羊犬差不多大，大的足有一百多公斤重。有些研究者会通过装在黑熊颈部的信号发射器识别个体身份，可是这种方法只适用于被捕捉过的个体。用无人相机拍的时候，往往很难辨别到底是不是上次那只。十九世纪之后，警方通过照片、指纹等辨认嫌疑人的身份。那么，宫崎老师是如何识别每一只黑熊的呢？

"熊常来" 与 "拍裆器"

　　我仔细观察过照片里的熊，感觉它们各不相同，我就此断定这一带有很多熊。可是空口无凭，于是我设计了一套装置，我叫它叫"熊常来"。

　　首先是调配引诱剂，用气味把熊吸引到装置前。引诱剂的具体配方是商业机密，但我可以告诉你，熊喜欢啃山里刚刷过油漆的广告牌，也喜欢舔发电机的汽油。我参考这种习性，用几种气味挥发剂调制出引诱剂装在"熊常来"里。熊被引诱剂的气味吸引过来，走到名叫"拍裆器"的装置跟前。

抓着"熊常来"站立的黑熊 长野县 2008 年

　　"熊常来"是个高约一米八的箱体，引诱剂装在箱体上端，熊不站起来是够不到的。被气味引来的熊一站起来往箱子里瞧，和熊的胯下、腹部等高的相机就会自动拍摄。这样就能搞清熊的性别了，如果是母熊，还能看出它有没有怀过孕。再装一部

黑熊直立时露出的胯下 长野县 2008 年

拍全身的相机，对焦贴在"熊常来"上的标尺，还能量身高，一举三得。熊全身被厚厚的毛皮覆盖，性器官被尾巴遮住，很难分辨雌雄，我便想出这个方法：看熊的胯下（笑）。这套装置不光能拍裆部，在放引诱剂的地方装一台无人相机，调到能拍出黑熊鼻纹的焦距，就能根据鼻纹识别个体了，就像我们人类用指纹识别身份一样。要是能拉到正式的赞助，找到学者合作，我还想再装一条机械臂，顺便采集它们的 DNA。

这几年，有人给熊打耳标来识别个体、推测个体数量。可问题是，想用无人装置读取耳标的号码，装置要够大。

据说，黑熊出没村庄、落入陷阱时，有些地方自治体会对它进行一番"惩罚"，然后打上耳标放生。这是什么意思呢？现行的《鸟兽保护法》禁止人们用陷阱抓熊，但熊有可能掉进原本用来抓野猪的陷阱。这时候，当地人就会对着熊鼻子喷辣椒

黑熊的鼻纹① 长野县 2006 年

水，让它吃点苦头，再放回山里。这种行为是否妥当，我持怀疑态度。这种方法被称为"学习放生"，的确有一定效果，也能保住熊的性命。可谁知道熊会不会记仇呢？换个角度看，说是"学习放生"，其实跟不分青红皂白欺负熊没有太大区别。那些被放生的熊中，说不定就有怀恨在心的。连狗都记仇，谁欺负过它，它会一直记着，仇人每次经过，狗都要叫两声、咬两口。熊肯定也记得抓它的人，他的声音如何，身上有什么气味。用同款洗发水、洗衣液的人保不准会背黑锅，遭到熊的打击报复。

　　我在村庄附近装了无人相机，总能拍到打着耳标的熊。那些照片就是最好的证据，说明被抓过的个体没有学乖，又来了。动物不一定懂得人的心思，如此想来，学习放生的办法是在批量培育仇恨人类的"受伤熊"。受到惩罚的熊回来袭击人，被装上科研信号发射器的个体没有回归山林却朝着村里来了……这

黑熊的鼻纹② 长野县 2006 年

样的例子还少吗?

　　世上没有两个一模一样的人，动物也不例外，每个个体对"惩罚"的反应肯定不同，没学乖却变本加厉的个体也是有的。不是每只熊都被打了耳标，人们没法完全掌握熊的"案底"。可我觉得，把造成人员伤亡的熊抓起来一查，肯定会发现它原来

黑熊母子 长野县 2009 年

有"前科"，以前被抓到时受到惩罚，对人类怀恨在心。出于善意想要保护熊，反而蒙蔽了我们审视自然的眼睛，甚至适得其反。

外来物种与本土物种

　　如今，有大量被称为"外来物种"的野生动物栖息在城市，改写着日本的动物地图。说起城市里的动物，平时比较常见的有乌鸦、鸽子、猫，其实还有许多超乎想象的动物藏在人们意料之外的地方。宫崎老师说他在东京工业大学大冈山校区拍到过外来物种，于是，我们决定去确认一下现在那里的情况。走进校园的银杏林荫道一看，地上满是鸟屎。

这些粪便是在银杏树上做窝的红领绿鹦鹉拉的。到了傍晚，它们会一起回到这里。这么多鸟粪，说明至少有几百只。这种鹦鹉原产于印度和斯里兰卡，起初作为宠物引进日本，现在东京的各个地方都能见到它们的身影。据统计，光东京一座城市就有一千多只。作为一种日本原来没有的野鸟，这个数量算是相当多了。红领绿鹦鹉能学人讲话，一举一动十分可爱，难怪会成为备受追捧的宠物鸟。但没想到，逃出牢笼的个体居然在这里繁殖了这么大一群。

热带动物能够定居东京，大概和这里的热岛效应有关吧。而且和周围的街区相比，大学校园的绿化要更好一些。您是从什么时候开始调查外来物种入侵的问题呢？

二十多年前吧。为了适应每个地方特有的环境，生物们耗费漫长的时间逐步进化成今天的样子。如今，它们借助人类的移动手段，一举超出原来的活动范围，令进化时间轴突飞猛进。我对此非常好奇，萌生了调查那些突然被丢进陌生环境的动物的想法，它们为了生存下去，究竟采取了怎样的策略呢？就在这时，《周刊现代》的记者找到我，问我愿不愿意跟他合作，在杂志上搞一个"东京都内的动物"的专题报道。这也成了我集中拍摄东京野生动物的契机之一。这位记者已经做了一些前期调查，写文章不成问题，只是苦于拍不到照片，才找我来帮忙。

毕竟在人们的印象中，城市的水泥森林里几乎没有野生动物。乌鸦、鸽子能经常见到，其他动物大概都没被人们意料到。

我发现貉、果子狸这样的动物挺会钻空子，在城市适应得很好，便想记录它们的生活状态。红领绿鹦鹉也在城市过得很好。听说它们一到傍晚就会回到东京工业大学的校园里睡觉，我找校方商量了一下，到校舍的楼顶蹲守。等到天黑，果然飞来了近两百只鹦鹉，不知道它们从哪里冒出来的。它们先在稍远处的电线上停了一会儿，然后齐刷刷地飞回银杏树上睡觉。那是我第一次亲眼看到嫩绿色的红领绿鹦鹉。但我并没有大受感动，心里更多的是气愤。放任东南亚的野鸟在东京大肆繁殖真的好吗，现在想办法是不是已经太晚了呢？

这种鸟野生化的导火索是它们逃出笼子，或是因饲主养不下去而被抛弃吗？

也有说法是一辆载着鹦鹉的卡车出了车祸，一车的鸟全都逃跑了。不过还有一些鸟的野生化是人为色彩更强的"放生"导致，最具代表性的就是相思鸟。据说，如今野生的相思鸟之所以会这么多，是因为神户华侨在春节的时候搞放生活动。现在六甲山那边一年四季都能见到这种鸟。它们原本是栖息在中国南部、越南等地的热带鸟类，现在却跑到了长野的山里，而且是会下雪的山里，多么耐人寻味啊。

世界各地都有唐人街，说不定其他国家的唐人街周边也有野生的相思鸟。世界上"日本街"的数量比"唐人街"少得多，看来日本人的适应能力不是很高啊。

日本的物候往往以动物为参照，比如"××叫了就播种""××叫了，○○就能吃了"。鸟会告诉我们什么时候该耕种，什么时候的食物最美味。外来物种的入侵说不定会改变季节与鸟的这种关系。日语里有个词叫"花鸟风月"，可见鸟曾是让日本人感受季节与风雅的重要元素。

小时候我的耳朵可灵了，一听叫声就知道是哪种鸟，能更深刻地感受当下的季节。可惜现在耳朵不好使了。

明治时期之后的过度捕猎，使日本野鸟的数量大幅下降。即便如此，在昭和中期以前，人们还是可以合法饲养若干种野鸟。后来，爱鸟团体开始大力宣传文鸟、鹦鹉等外国鸟，号召人们多饲养洋鸟。在多种因素的作用下，从外国进口的鸟就变多了。

本国的野鸟不能养，外国的就能抓来养，这是哪门子的逻辑啊？

《相思鸟》长野县 2012 年

可不是吗，日本的法律有明文规定，禁止捕捉野鸟。能合法饲养的只有暗绿绣眼鸟和三道眉草鹀这两种，连麻雀都不行。由于过分的保护政策，只能引进外来物种，又不小心让这些外来物种野化，反过来威胁到本土物种的生存，岂不是得不偿失吗？其实我一直觉得，麻雀、暗绿绣眼鸟、杂色山雀到处都是，让人抓几只养，不会对自然造成多少负面影响。只不过爱鸟团体一听到这种话就强烈抗议，我不敢说得太大声。而且我们完全可以把"养日本鸟"当成一个深入了解本地环境与本土动物、进而理解日本自然环境整体机制的契机，这样不是更好吗？

还真是这样，除了朋友家里养的宠物鹦鹉、宠物鹦哥，我平时没什么机会接触鸟类。您小时候养过哪些鸟呀？

那会儿我常养山雀。山雀，顾名思义就是山里常见的雀鸟，跟城里的麻雀一样多。只要有个巢箱，山雀就会立刻钻进去生儿育女。还可以把刚离巢的小山雀关在笼子里养，到了秋天用它们当诱饵，抓新的山雀回来。在"诱饵"旁边放一个叫"落笼"的竹编小笼子，笼盖开一半，里面放几个野茉莉果。外边的山雀便会被果子吸引进来。笼底有一根会旋转的栖木，鸟一站上去，栖木就带动笼盖，封住出口。整个捕捉过程蕴藏着许多对环境的巧妙解读。若一切按计划推进，成功抓到猎物，你就能确认自己的推测。在没有教科书的情况下取得成功，能带来巨大的满足感。当年的花鸟店都有卖落笼，花个三千日元，

《东京工业大学校园内的红领绿鹦鹉》东京都 1992 年

《红领绿鹦鹉》东京都 1992 年

就能买到。换个角度看，说明这款产品的设计建立在对山雀习性的深入了解上。总之，我小时候就是这样抓野鸟、养野鸟的。

据说早在平安时代，市面上就出现了一种名叫"山雀笼"的山雀饲养专用工具。自古以来，山雀杂耍是庙会等活动的固定节目。古时候日本各地有"山雀师"，专门训练山雀表演抽签、打水、抢花牌等。

山雀的学习能力很强，多才多艺。日本树莺、暗绿绣眼鸟、白腹蓝鹟、黑头蜡嘴雀……各有人爱。想当年，日本人一边享受自然的馈赠，一边加深对自然的理解与保护。近年来，人们只注重花哨和稀罕，随随便便地引入海外的动物，不认真对待身边的本土动物，对日本自然环境的理解变得浅薄。我觉得，这是如今外来物种大肆蔓延的一大诱因。

毕竟鹦哥和鹦鹉颜色鲜艳，卖相好啊。在日本禁止饲养本土鸟之后，动物表演的文化日渐式微，不过这类表演应该渐渐转移到马戏团和动物园了吧。闭关锁国的江户时代，各种珍奇动物跟着中国与荷兰的商船来到长崎，展出表演。据说，

194

《杂色山雀》长野县 2014 年

还有一边展示珍奇鸟类、一边提供茶饮的"鸟茶屋"呢。江户时代，外来物种的交易只限于以将军为首的上流阶层，对他们来说，外来物种是相互赠送的礼品或演出的道具，没有出现爆发性增长。但是国门打开之后，这些动物便走进寻常人家。大概日本人对"看到这种动物就能交好运""舶来品"这样的宣传语没什么抵抗力吧。其实外国犬也是外来物种，只是它们的存在太理所当然，以至于大家都不怎么提了。柳田国男曾经哀叹："可能因为日本犬比较原始吧，'二战'以后没多久就败下阵来，变成混血狗了。"(《明治大正史 世相篇》，朝日新闻社，1931 年）看来在明治时代，日本犬的混种速度快得惊人。

还有其他在日本野化的外来物种让您大吃一惊吗？

有一天，我走到离新宿站只有两三分钟路程的闹市区，发现一对情侣正盯着大楼之间的缝隙看。我走过去问他们在干什么，对方说："那里好像有只奇怪的动物。"我探头一看，只看到被翻过的厨余垃圾，没有动物。于是，我在那里装了无人相机。相机不仅拍到了在大楼间跑来跑去的野猫，还捕捉到了浣熊。浣熊长大后性情会变得暴躁，而且浣熊的尿气味太重，不负责任的饲主往往养一养就抛弃了它们。另外，

《暗绿绣眼鸟》冲绳县 1999 年

浣熊有双灵巧的"手"，逃出笼子的也很多。久而久之，浣熊就在野外繁殖起来，足迹遍布日本各地。我做梦也没想到能在大都会的中心区域见到原产北美的浣熊。既然这里有浣熊出没，那就观察一下它们的活动吧！抱着这样的信念，我站在人行道另一侧已经打烊商铺的房檐下，一直等到大半夜，浣熊总算从大楼缝隙间钻出来。它早就看透行人，知道他们不会关心垃圾堆，于是堂而皇之地翻起餐厅扔出来的垃圾。我看准时机，用手里的相机从正面拍下了它。新宿的浣熊会用灵巧的指尖找吃的，也懂得利用水管等设施上天入地，对擅长爬树的它们来说，高楼林立的闹市区应该跟森林差不多。不过浣熊身上可能有浣熊蛔虫等寄生虫，严重威胁人体健康，千万别看着它们可爱就随便接近，很危险的。

城市已经不是人类独享的了。四面八方的食物汇聚于此，说不定动物栖息在城市会比在森林获得更好的营养。人越多，垃圾就越多，对杂食动物来说，这样的环境再好不过了。

一九七七年，日本播出根据美国小说《我昔日的拉斯卡尔》改编的动画片《浣熊拉斯卡尔》。片子很受欢迎，由此出现了一大批养浣熊的人。我看过这部片子，它不光讲述了少年史坦林与浣熊拉斯卡尔的友情故事，还探讨了"人类与动物共存有多难"的主题。可惜观众只感受到前者。

浣熊的好奇心大于戒心，它们倒是挺适合在城市生活。

《翻垃圾袋的浣熊》东京都 2007 年

《大楼之间的浣熊》东京都 2008 年

六十年代，日本发生过浣熊从动物园出逃的事件。从那时起，它们的活动范围逐渐扩大，大城市就不用说了，连地方小镇也有它们的身影。浣熊就这样成了一种在日本广泛分布的野生动物。它们擅长"恶作剧"，一会儿糟蹋农作物，一会儿把电线啃短路，一会儿又在天花板上拉屎撒尿……在日本各地臭名昭著。我觉得这些外来物种的增加是在惩戒人类，谁让我们以前净盯着动物有价值的一面看。它们今后会对日本生态圈产生怎样的影响，我们必须密切关注。

记得小时候，大人在庙会上给我买过一只绿乌龟。那好像是外来物种吧。龟背上有很好看的绿色，我特别喜欢。放在水缸里养了一阵子，它后来怎样，我不记得了。不是被我养死，就是放到附近的河里去了。

你养的应该是原产美国的红耳彩龟，我小时候还买不到这个品种。到了七十年代，庙会的小摊和宠物店才渐渐卖起红耳彩龟。它们价格便宜，很受欢迎，寿命很长，可以活二三十年，食量大，水缸里的水没多久就脏了，不太卫生。那时候很多人养着养着就嫌麻烦，往野外一扔了事。红耳彩龟就这样在日本各地的河川和池塘繁衍生息。很多年前，

《名古屋城与红耳彩龟》爱知县 2005 年

我发现名古屋城的护城河里有好多红耳彩龟，就拍了一张照片。名古屋城是德川家康造的，推行闭关锁国政策的江户幕府就是从他开始的。这样一座古城居然被外来的乌龟包围了，这情景多么讽刺啊。

日本门户开放以后，大量外国犬涌入日本，日本的动植物也纷纷走向世界。幕府将玩赏犬日本狆作为礼物送给了轰开日本国门的佩里舰队。它们成了时任美国总统和佩里提督的宠物，《佩里舰队日本远征记》（宫崎工作室译，万来舍，2009 年）中也提到了它们。日本狆的历史能追溯到平安时代，是贵族养在室内玩赏的小型犬。日本门户开放后，这种狗红遍了欧美国家，它们出现在马奈、雷诺阿等名家的画作中。到了近代，日本人更偏爱外国犬，反倒是欧洲人热衷于给日本狆配种。

葛，是开放门户后走出日本、迎来爆发式增长的植物之一。日本人把葛带到一八七六年的费城世博会，用作会场的装饰。这次亮相之后，葛成了北美大受欢迎的门廊装饰绿植。后来美国长期进口葛，用作饲料和保土植物。听说现在葛在湿润的美国南部及其周边地区大肆繁殖，已经完全不受控制了。

《松材线虫留下的痕迹》长野县 2014 年

松材线虫跟北美的木材一起来到日本，它们会让松树变成红褐色，最终枯死，在日本各地危害严重。最先发现这种虫的地方好像是长崎，这么看来，虫灾的起因十有八九是长崎出岛地区的贸易。日本的松树跟北美的不一样，缺乏对这类虫害的抵抗力，松材线虫虫害就一下子蔓延开了。

还有哪些外来物种一到日本就爆发性增长了呢？

最有代表性的就是黑鲈。伴随七十年代兴起的路亚钓法，它们在日本安家落户，如今遍布日本四十七个都道府县。很多地方已经开始捕杀它们，但钓鱼爱好者总是偷偷把鱼放掉，这下战线就被拉长了，捕杀工作完全看不到成效。就拿流经长野县的天龙川来说，黑鲈数量众多，已经覆盖了所有流域，我还见过体长三四十厘米的大家伙。

在闭关锁国的江户时代，日本本土的物种肯定过着非常平静的生活。可是时代变了，本土物种的栖息地受到外来物种的严重威胁，它们被迫面临严峻的生存竞争。

"强者生存，弱者淘汰"本就是自然规律，以前也有物种灭绝，只是整个过程非常漫长。人类如今的活动完全超出自然演化的时间轴，给生态圈造成了巨大的影响，使物种灭绝的进程显著加快。目前政府已经采取了一些措施，比如把威胁本土物种生存、破坏农作物生长的外来物种定为"特定外来物种"，对它们严格限制、重点捕杀，可我总觉得这样太被动了。一些动物保护组织反对捕杀外来动物，但我感觉他们把重心放在对个体的保护上，没有考虑到整个生态圈。

他们惯用的逻辑是，动物本身是无辜的，人类夺走它们的性命太残忍了。他们甚至强调"错的是造成这种局面的社会"，然后把这套思路强加于人。一有媒体报道，他们就只针对被报道的事件发表意见，生怕给自己招致麻烦，更不会自掏腰包查明问题的原因，只会嚷嚷："动物好可怜啊。"

人类的逻辑相当自私。比如大洋洲地区灭绝的袋狼（塔斯马尼亚虎），它们曾一度因袭击牛羊等家畜而遭到捕杀。加上人类带去大量的羊与其他动物争夺生存资源，使得袋狼的食物袋鼠和小袋鼠的数量变少。久而久之，袋狼的数量也减少了。一提到澳大利亚，大家就会想到羊，曾经的外来物种居然成了这片土地的象征。其实，欧洲的移民才是大洋洲的头号外来物种吧。

那澳大利亚土著相当于本土物种了。

说起来，在房总半岛，原产中国台湾的小鹿繁殖得也很迅猛。小鹿是鹿的亲戚，个头儿跟中型犬差不多。它们性情温驯，有一阵子日本好多动物园都养了。房总半岛有个叫"行川岛"的旅游景点，游客们可以和园区里放养的小鹿亲密接触。人们

《房总半岛的海与小鹿》千叶县 2008 年

用铁丝网把行川岛附近的山围起来，让小鹿在园区和山上自由活动。不知不觉，有些小鹿钻到外面去了。行川岛停业的时候，人们没有采取措施捕捉逃出园区的个体，导致小鹿在野外大量繁殖。这件事充分体现了饲养员、设施运营方和当地政府没有充分认识到由此给环境带来的危害。

这些小鹿迟早会渡过利根川，到时候北关东与东北地区也会瞬间"沦陷"，可是几乎没人关注这个问题。我们不能只为眼前发生的事吵得不可开交，必须放眼未来、立足长远。再这么下去，"爱护"就会变成"爱误"。依我看，那些所谓的"动物保护团体"压根没看清自然环境，把爱用错了地方。

小鹿的问题几乎没有媒体报道过，大多数人可能都不知道有这么回事儿。利根川成了一道天然屏障，暂时将它们拦在房总半岛。半岛和岛屿的生态圈封闭，在这类地区引进当地原本没有的动物也是日本外来物种泛滥成灾的原因之一。比如，佐渡岛有佐渡野兔，会啃食人工栽种的树苗。林野厅感到头疼，就将野兔的天敌日本貂带到岛上。遭殃的树苗少了，可佐渡野兔的数量锐减，甚至上了红色名录，成了濒危物种。二〇一〇年爆出一条新闻：日本貂溜进佐渡朱鹮保护中心的鸟笼，笼中九只朱鹮惨遭毒手。这些朱鹮是中国提供给日本的，用于物种复兴，正在接受回归野外的训练。它们原本不是外来物种，却在日本不幸灭绝，只能特地从国外进口。

冲绳的反面案例也很有名。为了对付岛上泛滥的眼镜蛇，人们引进了獴，害得珍稀动物冲绳秧鸡差点被吃光。

在日本野化的外来物种里，有没有我们平时比较容易见到的呢？

镰仓鹤冈八幡宫、滨松市滨松城公园的赤腹松鼠是从中国台湾来的。它们的个头儿比日本本土的稍大一些，毛色偏灰。最明显的特征是红褐色的腹部，颜色和砖块差不多。本土松鼠的肚子是雪白的，看肚子就能分辨它们。镰仓的赤腹松鼠相当活跃，经常在大佛附近出没。它们很习惯跟人打交道，吃了游客手里的东西就卖个萌。甚至能在离它们只有三十厘米的地方拍照，这让我很意外。赤腹松鼠的大肆繁殖要追溯到一九五一

《獴》冲绳县 2006 年

《冲绳秧鸡》冲绳县 2006 年

年，当时一批赤腹松鼠逃出江之岛的观光区。久而久之，它们的活动范围扩大到了关东全境。

很多赤腹松鼠出没在名胜古迹周围，不知道的人还以为它们是本土松鼠呢。我在离景区稍远的居民区见过它们，看来那一带已经被赤腹松鼠占领了。

一九三六年，岐阜市举办博览会。一批赤腹松鼠借这个机会来到会场，然后在岐阜城所在的金华山上渐渐野化。我小时候还见过它们呢。还有人开辟出一片观光区，专门饲养从野外捉来的赤腹松鼠。看来博览会也成了外来物种进入日本的一大契机。

滨松城公园里有个动物园，赤腹松鼠好像就是从那里逃出来的。直到现在还有一部分市民主动喂食，导致赤腹松鼠数量激增。我跟当地的"送饭大叔"聊过，他说："没关系的，反正松鼠过不了东名高速公路，应该不会到别处去。"可现实中动物的行为总是超出人类的想象。它们能借助电缆、行道树等不断扩大活动范围，根据当地的地形，我推测要不了多久，这些松鼠就会抵达赤石山脉。到时候，它们会和日本本土的松鼠上演一场怎样的攻防战，有没有可能杂交出一批混血松鼠？真想亲眼看看半个世纪后的事态发展，可惜我大概撑不到那个时候了。

不过根据赤腹松鼠的寿命推算，它们应该已经在日本繁衍了好几代，说不定有朝一日会成为日本新的野生动物。

松鼠长得可爱，在哪里都受人追捧，原产南美的海狸鼠就没那么好命了。它们的体形跟猫差不多，乍一看像是沟鼠，不认识的人见了肯定会吓一跳。海狸鼠戒心很强，不仔细找很难发现。在岐阜县的木曾川边上，我第一次看到了在日本野化的海狸鼠。它们在土堤上挖了好几条隧道做窝，有时吃长在岸边的植物，有时去地里蹭点农作物，非常皮实。日本几乎没有生活在水边的食草动物，海狸鼠巧妙地"卡"进了这个生态位①。

生活在森林里的物种牢牢地占据着属于自己的生态位，外来动物往往很难立足。但是在新开辟的空白地带，就会有很多物种以最快的速度去占领。比如在高速公路边不断扩大版图的北美一枝黄，人们好像把这种草划入了归化植物的范畴。而像葛，被带到比原产地更适合繁殖或不存在天敌的环境后，实现爆炸性增长，这样的例子肯定还有很多。

您刚才提到的海狸鼠是怎么进入日本的啊？

据说战争期间，人们为了生产防寒军需品引进了海狸鼠。战争结束后，本来不再需要它们，可没过多久，社会上掀起了一股"皮草热"，海狸鼠又变多了。眼下日本海狸鼠养殖业最红

---

① 物种在生存环境中的生态地位。

《海狸鼠》岐阜县 2011 年

火的是东海、近畿和
中国地区，大量海狸
鼠正进入野外，迅速
扩大栖息范围。为了
满足人们的需求，海
狸鼠被带到日本，却
背上了"外来物种"的骂名，实在可怜。

　　这就像人间悲剧。海狸鼠被强行带到异国他乡，回不了
故土，只能扎下根来顽强生存。它们非常无辜，只想活下去。
说起殖民者来袭，大航海时代，西班牙人携带的疾病撂倒了
一大批毫无免疫力的南美印加人。外来物种问题的源头正是
人类的大规模迁移与经济活动。如今世界经济往来越来越密
切，全球化程度不断加深，这些外来物种的"入侵通道"比
原来更宽了。

　　不过我觉得，外来物种和本土物种之间的分界线画得很
随意。日本虽然有"史前归化植物"这样的说法，但几乎没
有哪个日本人会把公元前从亚欧大陆引进的大米称为"外来
物种"。倒是有人管泰国米叫"外国米"。

　　真要说起来，大米、番茄和红薯其实都是外来物种。据
说，连黑鼠也是跟随人类从亚欧大陆和朝鲜半岛渡海而来。本
土物种还是外来物种，完全取决于画线的时间节点。还记得

一九九三年，日本大米歉收引发了一系列骚动，史称"平成大米骚动"。社会上的确有人比较抵触外来物种，但他们的画线太过情绪化。况且日本人本身就是大陆系、南方系、北方系等人群融汇而成，血源很复杂。

《滨松城与赤腹松鼠》静冈县 2014 年

《赤腹松鼠》静冈县 2014 年

宫崎老师在长野县上伊那郡中川村出生长大。那是一座典型的依山而建的村庄，据说近年来人口密度迅速下降。最近，村里的野竹林越来越常见了。所谓的"野竹林"就是没人打理的竹林。我们决定去中川村的野竹林瞧一瞧。

野竹林为何肆意生长

日本猕猴啃过的竹笋 长野县 2014 年

　　你看，这一带是不是有很多长到一半就枯死的竹子啊？我想不通这是为什么，就等到初春积雪融化后在这里装了无人相机。相机记录了竹笋的生长，它们的生长速度快得令人吃惊。装好相机没过多久，就拍到日本猕猴抓住笋尖的瞬间。照片里的猴子把约三十厘米高的笋从根部掰掉，直接带走了。

　　除了猴子，其他动物好像也会掰走最柔软最好吃的笋尖部分，或是当场把笋尖啃掉。竹笋附近布满了野猪的脚印。到了春天，人类不怎么在竹林活动，这里就成了动物们觅食的好地方。它们能闻出地里的香味，抢先找到嫩笋，用巧妙的方法把笋挖走。在这场挖笋大赛中，我总是争不过它们，好气啊。等笋冒了尖儿再挖，那就太迟了。

　　竹子种类丰富，有刚竹、毛竹……它们原本栽种在房檐下。要是房子没了，竹子就会发展成野竹林，肆意生长。

　　竹子自古以来就种在日本人生活圈附近，牢牢扎根于人们的生活与文化。古人就跟《竹取物语》里的老爷爷一样，定期去自家附近的竹林砍竹子，用来造房子、打家具、制作日用品，

扑向竹笋的日本猕猴 长野县 2014 年

有时也挖竹笋，控制竹子的数量，免得长得太多。但是随着村庄人口密度的降低，民宅越来越少，如今到处都是长得乱七八糟的竹林。

十多年前，我在高知县一座人口稀少的村庄见到了一片茂密的竹林。竹子把荒废的民宅团团围住，一路长到远处高山的山脊附近。那一幕光景让我不由得感叹，竹子的长势真是迅猛啊。在日本九州、西日本、北陆和东海地区，仔细观察，你就会发现，野竹林不断扩大，侵蚀山野。动物再怎么爱吃竹笋，也赶不上竹子疯长的速度，数量自然会越来越多。

从今往后，这样的风景在村庄的后山一定会越来越常见。后山的风光原本靠人类介入维持，可现在明显是自然的势头占了上风。

第 4 章

生活在人类身边

我们与动物为邻，
却毫无知觉

　　我们不时会听说，有人去墓地祭扫或上山采野菜时遭遇黑熊袭击，近几年更是隔三岔五就能看到这样的新闻。每次有黑熊伤人，电视里的专家评论员就会说："气候的关系使得今年山里的橡果比较少，黑熊没东西吃了。"关于这一点，宫崎老师不敢苟同。为了深入了解野生动物当下的生存状况，我们决定去黑熊常出没的墓地一探究竟。征得房主的同意后，我们走进院门。墓碑突兀地立在离住宅只有一百二十米远的地方。这一带虽然不如城里热闹，但也不是完全没有人烟。

房主说，他们放在墓地的供品总是不翼而飞，希望我查查到底是怎么回事。我一看周围的环境，就立刻有了头绪。你瞧，"小偷"在墓地附近的草丛里走出了一条兽道，直通下面的森林。它们肯定是沿着草木茂密的山路下山，来到墓地下方的河边，再一路爬上来。站在高处观察，你会发现对野生动物来说，山上和这里是通的，走走就到了。我装了一台无人相机对准墓碑，果然拍到了偷供品的黑熊和猴子。

离住宅那么近的地方居然有熊，它们大概多久会来一次啊？

不过一个星期的工夫就拍到了三头黑熊，还有猴子。你看看照片里的猴子，简直像来上坟的人（笑）。这片墓地离住宅很近，总有人来补充新鲜美味的水果。这个绝佳的觅食地点自然会被动物盯上。只要到这儿来，就有现成的东西吃，不用爬上爬下地费劲寻找，多省事啊。在它们眼里，香蕉以及其他山里找不到的水果是难得的美味佳肴。在墓前摆放供品基本等于给它们喂食了。

本来是给老祖宗的供品，没想到被动物们夺了去。人类对偷拿供品的行为有抵触心理，动物可就完全无所谓了。

它们想怎么来就怎么来。据相机拍摄记录显示，最早出现的是熊，晚上七点左右就来了，然后八点、十点、十二点、凌晨四点……各个时间段都会来。这户人家务农，家里养了四只狗，腊肠、约克夏、一只雌性柴犬和一只雄性串种日本犬。据说，它们会用不同的叫法给主人通风报信。如果腊肠和约克夏一起叫，就是貉或狐狸来了。如果柴犬和串种犬叫得特别凶猛，那就是熊和野猪。如果柴犬一边叫一边往树丛里冲，来的肯定是野猪。熊出现的时候，狗只会狂吠，绝对不会冲进树丛。这状况已经被多次证实。最让我吃惊的是，装了无人相机的那一周，狗叫的时间段和相机拍到动物的时间段完全吻合。这户人家一到晚上就把牵引绳解开，让狗自由活动。我觉得这是最好的养狗方式。现在很多狗被拴在外面，或者干脆养在屋里，它们施展不了看家护院的特长，也防范不了野生动物入侵。好在这家的狗特别能干，眼下除了供品并没有太大的损失。但我们可以确定的是，这家人有很多次差一点就和熊撞上了。要是哪天不走运真的撞上，弄不好就得躺进这座坟墓了。

这一带有熊出没的不光这一处。离得不远的养鱼场好像也经常有熊光顾，我们去看看吧。

这里紧挨着酒店和家庭旅馆，就像旅游胜地的中心区。听到"常有熊出没"这几个字的时候，我第一时间想到的是更靠近深山、四周空无一人的地方。

这座养鱼场已经有五十多年的历史了。据说，十五六年前

《偷供品的日本猕猴》长野县 2010 年

《偷供品的黑熊》长野县 2010 年

熊开始频频光顾，把养鱼场的人愁坏了。于是，我装了无人相机，想看看溜进来的到底是何方神圣。熊钻进电栅栏，沿着混凝土鱼塘的边缘走来，时而猛地伸手抓鱼，时而把虚弱的虹鳟捞走。而且来的不止一头，是好几头。人类把大量的鱼集中养在小池子里，熊想抓多少就抓多少，简直就像庙会上捞金鱼的小摊儿。还有熊干脆跳进池子里捞鱼。如果接近鱼塘的是有蹄动物，鱼还能听见蹄声，感觉到地面的震动，及时逃跑。可是熊的四肢有厚实的肉垫，软得跟海绵一样，而且走路的时候它们会把指甲翘起来，一点声响都没有，鱼还没反应过来就被抓走了。食草动物不需要蹑手蹑脚，都长着蹄子，而食肉动物需要捕猎，都长着能消音的肉垫。我在北海道拍到过蹲守在混凝土防沙堤上的熊，它们专挑那些逆流而上精疲力竭的鱼下手。熊块头很大，走起路来却不会发出多大的声响，它们是非常优秀的猎人，甚至能巧妙利用人类的工具来捕猎。

想必自带"消音器"的四肢也是人类察觉不到熊靠近的主要原因之一。在动物眼中，四周的一切都属于自然环境，它们坦然接受并加以利用，混凝土结构也不例外。人类到处造东西，就是在野生动物的后花园里建起一座座食堂，方便它们觅食。

《鳟鱼鱼塘》长野县 2007 年

最近这些年，对动物来说，人造物品的存在理所当然，这些东西在它们出生的时候就已经有了。人类最好摆正心态，新生代野生动物已经出现，它们一点也不怕人造物品和人类制造的声响、光亮。高速公路的噪音够大吧，可是熊敢爬上公路旁边的胡桃树，慢悠悠地吃东西。高速公路旁边的树上有很多"熊架子"，那是熊在树上边吃东西边掰树枝搭出来的坐垫，没有比这更有说服力的证据了。

我曾经近距离拍摄过吃人类剩饭的熊，拍摄时还用装在车顶上的大型闪光灯打光。熊明明发现了我，可快门和卷片马达的声响完全没吓到它。动物已经变得这么大胆，人类的思维却还停留在以前。现在还有人建议上山的时候挂铃铛、吹笛子、开广播来赶熊，殊不知新生代的熊连汽车的噪音都不怕，那些老办法根本没有用。

看来动物已经适应了人类的世界，我们的认识却没有跟上时代的变化。

没错。这座养鱼场旁边就是酒店。在酒店工作的保洁阿姨时常把厨余垃圾扔到后院的空地。我在周围转了一圈，果然发现了许多动物的脚印。我很担心再这么下去，保洁阿姨会被熊袭击，可是不少本地居民毫无危机感，他们总觉得：这地方怎么可能有熊呢？

《在鱼塘边流口水的黑熊》长野县 2016 年

《在鱼塘边试拍的宫崎学》长野县 2016 年

《在养鱼场拣食衰弱的鳟鱼的黑熊》长野县 2006 年

《爬出饲养香鱼水池的黑熊》长野县 2014 年

总往一个地方扔垃圾，会让动物认定那里有吃的。很多人想得太简单，以为看不到的就不存在，要么就是发现了一些蛛丝马迹，却没意识到那是动物留下的。在现代人眼里，动物留下的痕迹和自己的生活没有丝毫关系，完全没有这方面的意识。反倒是小时候，我们对身边的动物还稍微有点兴趣。在这方面，猎人以及为野生动物头疼的农民可能和我们不太一样。

　　其实农民贡献给野生动物的食物也不少。很多农民会把形状不好看、表面有伤痕或富余的作物扔掉，对动物来说，那些垃圾就是一顿可以放开肚子吃的自助餐。这类情况太普遍了。有一次，我发现有人在山上的坑洞里扔了一大堆苹果，大概有两三辆卡车那么多。我刚装上无人相机，就拍到一群猴子，外加果子狸、日本貂、貉、马蜂、苍蝇……还有小鸟飞来吃苹果上长的虫子。品相不好的水果在日本卖不出去，可对动物来说无所谓。坑洞里充满水果快要发酵时特有的香气。猴妈妈带着小猴子来捡农民不要的苹果，它们只啃了好吃的部分，剩下的随手一扔。我估计要不了多久它们就会意识到，比起扔在外面的苹果，挂在树上等着售卖的果子更好吃。到时候，它们大概会养成入侵果

园的习惯。我还拍到被丢掉的西瓜引来的野猪一家。久而久之，幼崽就把父母的行为看成理所当然，有样学样。

人类的孩子也是看着父母的身影长大。动物把人类的农作物当作自己的食物来源，在亲子间、进而在种群中渐渐普及开来，像文化传播一样。被丢在野外的农作物早已无人问津，被动物偷走人类也不会发火。人类眼里的垃圾在动物那里成了美味佳肴。它们原本要耗费大量时间找吃的，这下可好，有人定期往固定的地方献上美味，多棒啊。

可不是吗，不用在广阔的山林里辛苦找吃的，只要去农田和垃圾堆转一圈就能吃个饱。农田里还没有狗，毫无威胁，对动物来说简直就是天堂。不过需要大家注意的是，动物不仅吃被丢弃的农作物，农田、果园等种植园区也变成了它们广义上的采食场。在动物的眼中，遍地都是人类造出的"免费自助餐厅"，方便又好吃。

比起山里的野生植物，人工种植的作物结出的果实更大更好吃，而且集中种植在离动物生活圈很近的地方，动物不被吸引过来才怪。人类的所作所为自相矛盾。一边用通电的栅栏拼命抵御动物的入侵，一边主动吸引它们接近，让它们记住农作物有多好吃。

我一贯认为，人类的所有生产活动都是广义的喂食行为。可惜这个观点不太被认同。很多人觉得只有亲手、直接喂给动物才算喂食。但我们应当认识到，喂食不仅限于直接投喂，人类创造的环境本身就在不知不觉中成了间接喂食的现场。我拍到过在麦田偷吃嫩芽的猴子。每每看到这些照片，我都不由得想，在抱怨野生动物危害农作物之前，人类应该先进行一场自我反省。在公园里种樱桃树，就意味着树上会结很多动物爱吃的樱桃。喷泉是它们一年到头都不会枯竭的饮水站。

　　公园里总有人喂鸽子、鲤鱼。鸽子一多，就会把猛禽引来，听说最近城市里的猛禽变多了。

　　全世界都有喜欢喂动物的大爷大妈。渔民在海边收网的时候，海鸥等海鸟飞来飞去，想捞点漏网之鱼吃，有的鸟索性蹲在港口等着。间伐时砍下的朽木会长出各种虫子，虫子是很多动物的口粮。丢弃朽木的地方就成了动物定期能找到食物的地方。养蜂就更不用说了，会把熊引来。动物活动范围内的野营地和旅游景点更是绝佳的食堂。对杂食的熊和貉来说，烧烤和残羹剩饭的气味很有吸引力。在它们看来，垃圾袋里装的都是各式各样的美味佳肴。我在野营地附近的树林里找到过熊的"美食广场"，还有通往广场的兽道。熊会把垃圾袋拿过去，坐下来慢慢吃。

　　八十年代去加拿大落基山脉采访的时候，最让我大吃一惊

《一起吃被人类丢弃的橘子的野猪母子》三重县 2010 年

《吃麦子的日本猕猴》长野县 2015 年

的是当地带混凝土底座的垃圾箱。垃圾箱被牢牢固定在地上，棕熊那么大力气的动物都推不倒，必须抬起盖子才能打开。这样的设计能有效防止动物记住垃圾的味道。

当年，日本最常见的垃圾箱是筐子样式，旅游景点用的都是它。其实公园和绿地有"次生自然"的属性，源源不断地向动物提供食物与水，只是我们一直没有意识到。游客在景区直接喂动物吃东西，或是随手乱扔吃剩的便当、零食，间接给野生动物喂食。实际上喂食不仅限于这些行为。日光那边的猴子，一点也不怕人，甚至开始攻击游客，于是栃木县出台条例，禁止人们喂食猴子。

驹根的猴子也越来越多，很成问题。我家的院子它们想来就来，一点都不害怕。为了避免一开门就跟动物撞个正着，我开发了一套防入侵系统，传感器一旦捕捉到动物，就会触发警铃，打开灯光。

被气味引下山的动物懂得观察人类的一举一动，深谙高效获取食物的方法，还会评估风险的高低，知道做哪些事不会有危险。这不，连狗粮都被它们盯上了。千万不能因为它们是动物就掉以轻心。在动物眼里，这世上没

《鼯鼠庄的外墙》长野县 2000 年

有比人类更迟钝的动物。

在动物看来，人类的生活区周围大概是打着灯笼都难找的食堂吧。人类会把好不容易得到的大量食物扔掉，这在动物界十分例外。据推算，全世界生产的食物有将近一半被人当成垃圾扔掉。而且这种现象常见于发达国家。

把自己想象成动物的眼睛、耳朵和鼻子，用动物的方式去感知世界，就能发现很多原来察觉不到的线索。嗅觉敏锐的动物能通过气味"看"到我们看不见的东西，循着"气味地图"一路找来。现代人构建社会与环境的过程中太以人为中心。切莫忘记，人类周围还有各种各样的动物蠢蠢欲动。

人类偏重视觉，动物的嗅觉和其他感觉则更加敏锐。这两者所面对的世界，以及认知世界的方法完全不同。每种生物构筑起独特的感觉世界，就像雅各布·冯·魏克斯库尔提出的"主体世界"（Umwelt）一样。人类无法亲身体验动物的世界，只能靠想象。

我们把在人类社会附近繁衍生息的动物称为"Synanthrope"。"syn-"在希腊语中意为"共同"，"anthropos"是"人类"的意思，放在一起就是"受人类活动与人造物品恩惠、与人类共存的动物"。这是个离不开人类的动物群体。比如云雀，它们的毛

《被堆肥引来的狐狸》长野县 2009 年

《闯入住宅院子的梅花鹿》北海道 2007 年

《啄毛蟹的海鸥》北海道 1993 年

《出现在郊游步道的野猪》兵库县 1999 年

色可以完全和旱田融为一体，会去翻耕过的田地吃留下的昆虫和谷物。日本田鼠（日语写作"畑鼠"）就更不用说了，一看名字就知道它们喜欢在旱田（日语写作"畑"）、土堤这样的地方做窝。

随着人与动物的距离越来越近，如今这些"动物邻居"已经满街跑了。那些原来戒心很强、不在人类社会出没的动物也渐渐与人为邻。这大概是"兽害"越来越严重的原因之一吧。造成这个局面，绝对不只是动物。

《高速公路旁的˝熊架子˝》长野县 2005 年

据说，日本各地的水田成了候鸟的绿洲。水田既是它们的饮水站，也是一年四季不打烊的食堂。这到底是怎么回事呢？

水田与候鸟

我在冲绳县金武町的水田拍到过一种叫"黑翅长脚鹬"的野鸟。那一幕看着还挺有意思。

黑翅长脚鹬是一种候鸟，每年从北半球飞往冲绳等温

水田里的黑翅长脚鹬 冲绳县 2006 年

暖的地方过冬。照片上鸟落脚的水田种着一种叫"田芋"的冲绳传统食材。田芋会在水田里生出一个又一个小芋头，象征子孙繁荣，冲绳人过年过节的时候都要用田芋做菜，寄托美好的愿望。种田芋的水田跟稻田一样，有蚯蚓等昆虫栖息在水中，数量庞大。对那些在冲绳过冬的候鸟来说，没有比水田更棒的餐厅了。

抵达冲绳后，有些鸟要继续往更加温暖的印尼南部、菲律宾飞，它们以东亚全境的水田为中继站，一路南下。对候鸟来说，水稻种植是一种不可或缺的人类文化。

山区的梯田、平原的水田、旱田、水道……都是候鸟们的食物来源。鸟的食物以农业害虫为主，对人类来说，它们是难能可贵的帮手。

"杂种鸭耕作法"非常有名。在水田散养一些鸭子，它们会

地里的拖拉机与黑翅长脚鹬 冲绳县 2010 年

帮忙吃掉害虫，这样就不用打农药了。说这是人类与鸟类的相互扶持可能有点夸张。鸭子有一双大脚，长着脚蹼。让它们在浅水的田里走一走、游一游，搅动水与泥，有助于改良土壤环境。只是这些放养的鸭子在丰收后便成为人们的盘中餐，和人类的关系称不上双赢。另外，水田的鸭子肉质紧实，味道确实不错。

　　我还在冲绳的另一块水田拍到过巧妙利用人类活动的鸟。当时恰逢秋收，只见一大群鸟在拖拉机后面排好队，专从翻过的土里挑虫子、蚯蚓吃。驾驶员好像已经习以为常，十分淡定。我们能从这张照片看出，其实鸟类也会利用人类，与人类共生。

据说，东京的闹市区住着很多野生动物。涩谷的"忠犬八公像"附近总是人来人往，热闹非凡。几年前，宫崎老师拍到过沟鼠在那里做窝。选在八公像前面碰头的人大概完全没想到老鼠在自己脚下跑来跑去吧。据说，老鼠的日语读音源于"不寝见"三个字的日语读音。从名字上就能看出，它们在晚上十分活跃。

涩谷的老鼠

涩谷的老鼠们好像还活得好好的。仔细观察树丛下面，能找到一些跟小孩儿拳头差不多大的洞，那就是老鼠窝。

洞这么多，照理说老鼠应该满街跑，但它们体形小，通体灰色，跑得还特别快，

沟鼠的巢穴 东京都 2007 年

一下子就能从一个隐蔽处窜到另一个隐蔽处，不太惹眼。

涩谷人潮涌动，人多，意味着厨余垃圾也多。在老鼠眼里，那里跟食品仓库没什么区别。自动售货机下面、大楼混凝土墙的缝隙、铺在人行道和马路之间的无障碍铁板……老鼠会巧妙利用这些地方藏身，迅速移动。有人生活的地方肯定比较暖和，栖息在人类附近大概有助于它们熬过寒冷的冬天吧。有一次，我在某家餐厅（店名不太方便透露）的厨房发现了好多老鼠，拍下照片给店里人看，把他们吓了一大跳。餐饮店可谓是"闻鼠色变"，因此我的拍摄角度相当受限，不能让别人看出照片是在哪家店拍的，难度相当高。

最早发现涩谷有老鼠，是有一次我走到车站的八公出口，闻到一股老鼠尿特有的气味。找了一圈，发现树丛里有一块土

沟鼠 东京都 2007 年

被踩得很结实。顺着蛛丝马迹一路找过去，就看到了老鼠洞。听说有些地方会专门在地下埋不锈钢网，防止老鼠在地里打洞，可是植物的根会缠到网上，移栽的时候恐怕会很麻烦吧。这种人类与动物的攻防战还挺有意思。老鼠的数量的确会随环境变化而增减，但它们还是顽强地在这里繁衍了一代又一代。说不定它们这会儿正在洞里听我们说话呢。

　　人们生怕城市变成冷冰冰的水泥森林，试图用绿化让街道变得美观，却没想到种树的地方成了老鼠的温床，多讽刺啊。

　　仔细观察垃圾收集点的垃圾袋。表面是不是有很多小洞啊？那不是袋子本身破了，都是被老鼠咬的。猛踹一脚，说不定会有老鼠唧唧叫，慌慌张张地窜出来。对老鼠来说，树丛附近有

绿地与年轻人 东京都 2013 年

垃圾收集点，就等于有人定期送食物上门，没有比这儿更宜居的环境了。只要稍微离巢一小会儿，就能叼上吃的回家，风险很小。

沟鼠 东京都 2007 年

　　我用同样的方法在新宿拍过老鼠。那边的老鼠会巧妙利用人行道边的绿植带长距离移动，尽可能不让人类看到。以前涩谷和新宿很脏，遍地都是垃圾，我可以用"游击战术"拍到它们。现在要在这种人来人往的地方拍照，难度非常高。如果想从老鼠的视角拍，就得把相机放在地上仰拍，不知道的人还以为我在偷拍裙底，解释起来很麻烦（笑）。比起拍老鼠，如何应付城市里的人更让我

沟鼠 东京都 2007 年

费心。每次遇到这种情况，我都得解释："我是在拍老鼠。"但路
人总是用怀疑的目光打量我，可能也和我的形象不佳有关，真
是愁死人了。

老鼠这种动物，跟人类社会的寄生虫一样，一直生活在人
类身边，从古到今，有人的地方必有老鼠。人类怎样下力气捕

沟鼠 东京都 2007 年

杀，都不能将它们赶尽杀绝，存活下
来的老鼠会耐心等待机会，卷土重
来，于是老鼠和人始终是邻居。老鼠
是病原菌载体，一旦人类疏忽大意，
老鼠就会散播黑死病等致命疾病。反
正我们跟老鼠是"老朋友"，别急着
厌恶它们，先了解一下对方的习性不
是更好吗？

一到奈良公园，就能看见许多昂首阔步的梅花鹿。据说，"奈良鹿"是公园内春日大社的主神派到凡间的使者，万万捕杀不得。捕杀或伤害梅花鹿一度被视为重罪，情节严重者甚至要被判死刑。一九五七年，奈良鹿被指定为"日本天然纪念物"，受到相关法规的保护。然而从动物与人类共生的角度看，其中有很多问题亟待解决。

奈良的鹿

梅花鹿与游客 奈良县 2017 年

奈良公园一带好像有一千二百多头鹿。奈良鹿自古以来就被奉为"神鹿"，比其他地方的鹿都尊贵。现代日本人的肉食来源是专门饲养的家畜，比如牛、猪、鸡，等等。但是在很久以前，人们会通过打猎、设陷阱等方式抓野鹿吃。既然鹿有过这么一段被人追杀的历史，它们的戒心应该很强，但奈良鹿一直是当地人信仰的对象，备受呵护。久而久之，鹿就放松了戒备，一见到人就上去讨"鹿仙贝"，甚至去抢，一点也不怕人。赤石山脉的鹿就完全不同，直到现在依然是看见远处的人影就迅速逃跑。明明是同一种动物，习性却因生存环境的不同产生如此巨大的差异，多有意思啊。虽然明治政府把鹿划为有害野兽，允许人们捕杀；战争期间也有人吃鹿肉，鹿的种群数量暂时减少了一些，但奈良依旧是不折不扣的野鹿天堂。

奈良鹿意识到人类不会伤害自己，胆子越来越大，难免伤到游客。发情期的鹿尤其暴躁，因此有必要提前锯掉雄鹿的角。

奈良公园以前经常发生鹿翻垃圾箱，误食塑料袋，不幸丧生的事，如今这里基本没有垃圾箱了。当地人一度特意把垃圾箱投掷口设得很高，但鹿太聪明了，盯上了收垃圾的大型集装箱。它们专找游客吃剩下的食物，还摸清了规律，知道周末来的人多，会丢下很多吃的。鹿的生存

翻垃圾的梅花鹿 奈良县 1990 年

能力特别强，搞不好它们还分得清今天是星期几呢。

奈良市内各地如今还零星保留着一段段矮墙，两米来高。那是鹿垣①的遗迹。据说，江户时代的城镇就是用这样的矮墙围起来的。一般来说，修建鹿垣为的是防止野生动物入侵城镇，但奈良的情况比较特殊，建鹿垣是为了防止城里的鹿跑出去祸害庄稼。可见奈良人一直在为神鹿带来的兽害头疼。

奈良公园的公厕门口装了格子门，防止鹿偷吃厕纸。人们还在小树苗的树干上套了一层金属网，免得树皮被鹿啃坏……在这座与鹿打了千百年交道的城市，人与鹿共生共存的智慧代代相传。

---

①也写作"猪垣"，指用带枝条的树木或竹子围成的矮墙或栅栏，防止野鹿、野猪等动物入侵。

人类的伙伴

　　现代社会，狗和猫是极有代表性的宠物，堪称人类最亲密的动物伙伴。人类经过长期的选育改良，培育出看门犬、牧羊犬、猎犬、救生犬、搬运犬、传令犬、导盲犬、警犬等用途不一的犬种，有时甚至把狗当成家庭的一分子，倾注真情。牛、马、羊等家畜虽然也跟人类打了很长时间的交道，但要论与人的心理距离和距人类生活场所的远近，它们都比不上狗。古今东西，有人类居住的地方，就有狗的身影。它们发挥着各自的职责，在人类身边实现了种群的繁荣。

　　宫崎老师养了一只柴犬。平时出门、上山的时候，这只柴犬总是与宫崎老师并肩而行，扮演着好搭档的角色。

二〇〇六年，念小学三年级的女儿有点不愿去上学。为了帮她振作起来，我去了趟秋田县的"天然纪念物柴犬保存会"，把两个月大的小萤带回了家。从秋田开车回长野的路上，小萤特别乖，一声都没叫，给我留下了深刻的印象。天然纪念物柴犬保存会旨在保护本土犬种，不断纯化，悉心培育，使自古生活在日本的狗得以繁衍。那里繁育的狗十分忠诚可靠，是陪伴人类上山的绝佳伙伴。最近也有人管这种狗叫"绳文犬"或"绳文柴犬"，它们的骨架的确和绳文遗迹中发掘出来的犬骨一样。不是没有额段（额头与鼻子之间的凹陷），就是额段很浅，脸比较长，犬齿很大。这种骨架很像体形较小的日本狼，额头到鼻子呈一条直线，嗅觉会很灵敏。

　　我觉得所谓的"纯种"其实是人工制造出的畸形，不过现代的绳文犬确实还原了绳文时代人们饲养的狗的样子。专家在绳文遗迹中发现了犬骨，说明它们当时很可能跟人葬在一起。从这一点也能看出，狗自古以来就是

上.《幼犬阶段的小萤》长野县 2006
下.《没有额段的小萤》长野县 2007

人类的好朋友、好仆从。进入弥生时代之后，人类开始种植水稻，额段明显的新犬种进入日本。可它们不仅没享受到合葬的待遇，还成了人的吃食，骨头也七零八落。看来狗和人类的关系会随时代与文化的发展发生显著变化。

绳文时代的狗帮助人们打猎，当时的人自然视它们为宝贝。可是开始种植水稻之后，狗的地位就渐渐降低。狗和人结伴打猎，关系比较亲近，人不吃狗，合情合理。

中国有句俗语叫"挂羊头卖狗肉"，亚洲、非洲及南太平洋地区都有吃狗肉的文化。镰仓时代以后，日本出现过一种叫"犬追物"的比赛，规则是把狗放出去，看谁能用弓箭射中。当时打狗现象也很普遍。这么看来，狗在很长一段时间里是人类的亲密伙伴，但这种蜜月状态没有保持下去。

请问您和小萤进山的时候是怎么配合行动的呢？

进山的时候，我不用牵引绳。带狗出门之前，必须做好基本的召回训练，让狗一听到命令就立刻返回主人身边。日本犬很聪明，能记住人说的话。在山上跟它说话，它就知道自己该做什么、不该做什么。小萤一般走在我前面，一旦察觉到危险或发现前面有动物，就会立即用叫声通知我，或是站住不动。进山的时候，只要仔细观察狗的一举一动，就不会遭遇太大的危险。小萤平时离我百来米远，但当我感觉到附近有熊、有点紧张的时候，它总会不动声色地把距离缩短到五米左右，与人配合得十分默契。不用下命令，它就能准确读出主人的心思，做出判断。

一天，我带小萤出门遛弯。走着走着，它突然站住了，死死盯住草丛。我凑过去一看，原来草丛里躲着一只小鹿。小鹿身上有独特的"鹿子斑纹"，一走进树影斑驳的地方就无影无踪。小萤总是比我先发现野生动物，要是没它陪着上山，我真是怕得不得了。

既是家人，又是一起上山的工作伙伴，多么神奇的关系啊。狗的视力不如人，但听觉和嗅觉非常突出，弥补了人类的短板。人类难免会偏重视觉，没有进入视野的东西就难以察觉，而且视线会被物体或黑影挡住。这么看来，视觉也没有那么方便。声音与气味就不一样了，它们不分昼夜，在任何空间都能广泛传播，因此敏锐的听觉和嗅觉在生存竞争中很占优势。

多亏了狗，人类才能保管好作物、家畜等财产，不被外敌掠夺。人类最初不过是猴子的"近亲"，敢自称"万物灵长"，少不了狗的助攻。有了狗的帮助，人类才

《小萤》长野县 2010 年

《竖起耳朵听日本猕猴叫声的小莹》长野县 2015 年

《与日本猕猴相持不下的小莹》长野县 2015 年

成功跨进农耕畜牧社会，稳定地获取以动物蛋白为首的各种重要营养，人口才实现爆炸性增长。没有狗就没有人类的今天，这样说一点也不夸张。

从某种角度看，人类一直和狗统治着野生动物。其实被统治的不只是野生动物，在监狱这样的地方，是一群人统治着另一群人，而狗一度是统治者的管理工具。狗与人类走得非常近，算是动物界的例外，因此"狗"这个字有时候带有贬义色彩，比如"权力的走狗"等。

日语里还有个词叫"犬猿之仲"[①]。住在附近的猴子记住了我和小萤，看见我们，不是威吓就是逃跑，没有第三种反应。

人跟猴子明明都是灵长类动物，但我总觉得人和狗的心理距离比和猴子更近。

狗和人的关系就是这么亲密，它们介于人类社会与自然之间。狗是我少不了的工作伙伴。有一天，小萤忽然把鼻子伸进一根管子闻来闻去，我打开手机的手电功能往里一照，原来管子里有一只在孵蛋的大山雀。还有一次，我发现小萤对着一棵树拼命闻，就在那儿装了无人相机，结果拍到了熊在树干上蹭

---

①犬猿の仲，意为"水火不容"。

身体的画面。小萤就这样给我提供了各种解读自然的线索。

狗的听觉也很灵敏，人们会用"狗笛"召回离自己较远的狗。大概狗能听见很多人类听不到的声音吧，比如其他动物发出的声响。狗连高频段的声音都能听得很清楚，比人强多了。你要是看到狗突然站住，竖起耳朵，或是朝着一个地方使劲闻，那肯定是它发现了什么东西。

狗笛在英语里有个别名，叫"Galton's whistle"，它由生物统计学与优生学的开山鼻祖弗朗西斯·高尔顿发明。优生学是一种应用生物科学，旨在通过改良人类的遗传结构打造理想的社会，促进人类进步，而"纯种狗"就是通过筛选和交配，使种群的某些特殊能力更为突出。从这个角度看，纯种狗正是优生学的体现。

小萤缺了三颗牙，纯度等级一下子被拉低了。

人类一度给混血狗和殖民地的狗打上"劣等"或"危险"的标签，宣称捕杀它们是正当行为。这些是西方殖民者胡乱规定的，没有什么依据。

我再多嘴补充一句，达尔文一八七二年写了本书叫《人类和动物的表情》（滨中滨太郎译，岩波文库，1991 年）。他用照片对比、分析人类的表情与动物的肢体语言，承认二者在心智上存在一定程度的差异，但同时试图推翻"存在本质差异"的观点。前面提到的高尔顿是达尔文的表弟，他努力把达尔文的进化论应用在人类的遗传改良上，在摄影史上也留下了重要的一页。

其实达尔文不是第一个将动物与人类对比解读的人，学界对这种趋势有所批判。撇开狗和人类的亲近关系不谈，您在和小萤相处中，有没有因为它是动物而产生陌生感呢？

你这么一说我倒想起来，小萤老是啃我老婆的内裤，我的内裤它看都不看一眼。为这个我不知说过它多少次，它就是不听。平时明明那么乖，却总也抑制不住这种冲动，每次被我抓到挨了骂，它都垂头丧气。岳母来家里帮我们洗衣服，发现家里尽是有破洞的内裤，特别纳闷，搞得我挺尴尬（笑）。

还真是挺尴尬（笑）。

女儿来初潮以后，小萤也开始啃她的内裤。我这才反应过来，原来它是闻到了血腥味。这大概是原始的野性吧，没什么解决办法，我只是在心里感慨：这简直就是狼啊！就算我们把狗养在家里，把它当成家庭成员，也不能忘记它终究是长着獠牙的动物。一定要小心，否则很容易出事。媒体报道过"狗把家里的婴儿咬死"的新闻。

人类把体形较小的狼驯化成家畜，再经过反复选育，培

《把鼻子伸进管子的小莹》长野县 2015 年

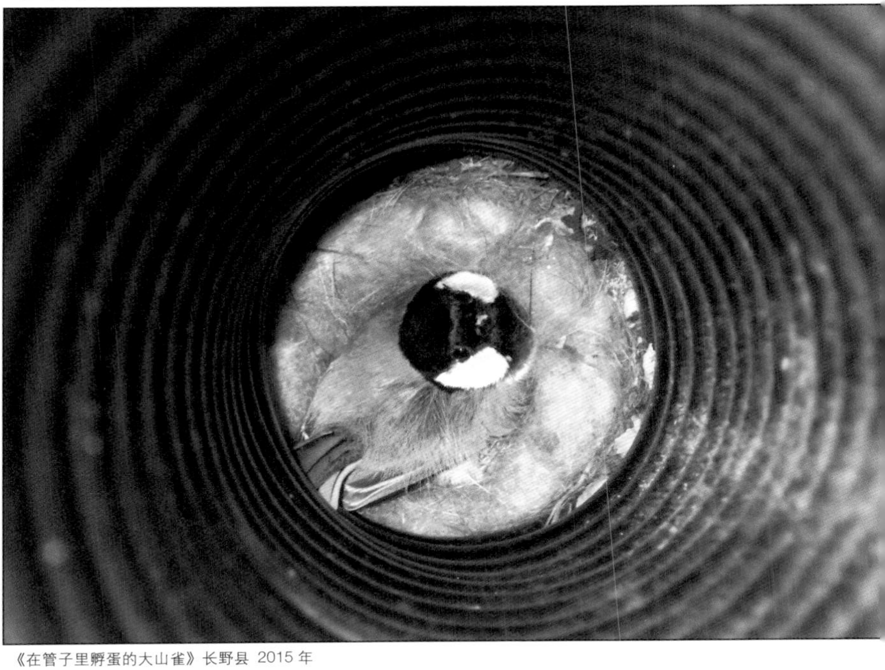

《在管子里野蛋的大山雀》长野县 2015 年

养出自己喜欢的特性，久而久之就有了我们熟悉的狗，这种说法在学界已经成了定论。日本人管日本狼叫"犬""山犬""犬大人"等，可见狼和野狗的界限十分模糊。可惜日本狼和北海道狼已经踏上灭绝的不归路，山下的狗则留在人类身边，实现了共同繁荣。

野生动物抓猎物很有分寸，不会太多也不会太少，绝不会把猎物吃到灭绝。人类却把很多自己根本不吃的动物逼进了灭绝的深渊。

据说日本狼就是因为人类才灭绝的。有一条规律基本适用于所有食肉动物：在自然的生存竞争中，以猎捕的方式获取新鲜兽肉的动物往往比较吃亏，而食域更广、连腐肉也吃得下的动物就很占便宜。而狗的食域广、吃得杂、繁殖力强，有今天的繁荣，理所当然。

而且它们不怕冷也不怕热。

欧洲人长期选育猎狗和玩赏狗。十七世纪前后，狗开始以家庭成员的身份频频出现在法国绘画作品中。

日本的普通百姓在明治时期以后才有养狗的习惯。在那之前，养狗是统治阶级和一小部分商人的特权。明治时期，西洋犬种大量进口到日本，"在私宅养狗"的西式习惯逐渐普及。据说，以前日本人对狗的称呼只有"狗""土狗"，西洋犬种进入日本之后，对本地犬的称呼就渐渐变成了"和犬"。当时人们把对西方社会的向往寄托在洋犬身上，它们成为身份和地位的象征，红极一时。

随着洋犬的大量引进，狗的混血倾向在明治时期日益明显。"和犬"这个称呼就是在与"洋犬"的对比中逐渐普及。到了二十世纪三十年代，日本人甚至开始特意培育日本犬。"日本画"这个概念也是明治时期出现的，意指"和西洋画相对的绘画形式"。这么看来，日本画和日本犬倒有几分相似之处。昭和时代，日本犬保存会通过反复筛选，指定了一批日本犬。

狆和高安犬没有被选为日本犬。日本国内犬种的流行趋势是：明治时期流行洋犬，战时流行日本犬，"二战"以后洋犬卷土重来。如今在日本，洋犬比日本犬更常见，这种现象太过寻常，大家完全没意识到。

就跟我们平时穿的衣服一样，谁都意识不到那是西方的服饰。

日本犬保存会是一九二八年创立的，小萤的"老家"天然纪念物柴犬保存会是一九五九年成立的，两家的历史都算不上悠久。"二战"结束后，受《名犬莱西》《佛兰德斯的狗》等动画片的影响，洋犬又渐渐恢复人气。狗也真是不容易，荣辱兴衰全看人的脸色。

狗能与人进行高水平的交流沟通，双方构筑起长期的互助关系。狗成为人类宠物的历史比猫长得多，动物辅助疗法也少不了它们。多亏了小萤，我女儿才能摆脱成长中的阴影，重回校园。小萤在她顺利考进东京的大学、开始独立生活之后才去世。它好像知道自己站完了最后一班岗，见证了我女儿的成长，才放心去了天堂。小萤死于癌症，生病后身体状况一直不太好，但还是在我女儿回家的第二天才咽气。它好像一直在拼命坚持，硬撑着见我女儿最后一面。

　　小萤真的特别听您的话。记得有一次它在停车场的车里乖乖待了好几个小时，不吵也不闹，忍着不上厕所，给我留下了深刻的印象。我见过好多不听话的狗，看到小萤的时候真是吃了一惊，没想到世上有这么聪明的狗。不过血统纯正的狗不是个个都懂事，说到底还是教养的问题。话说回来，好像没有"犬种歧视"这个词。

　　歧视人种是大问题，歧视犬种就不要紧了吗？不过，小萤真的很聪明。它和我一起去了好多地方，在很冷的地方过夜的时候，我们经常在车里紧挨着睡。狗会把主人的车看作自己的领地，全力守护，小萤在车上的时候，外人要是贸然接近，还是挺危险的。

　　日本犬忠于主人，对外人戒心很强，很适合看家护院。

《闻树干上气味的小萤》长野县 2015 年

《黑熊》长野县 2015 年

江户幕府末期，来日本游玩的外国人经常在游记里提到，狗在民宅外面和路边群聚，见到外国人就狂吠。在他们看来，这些狗非常可怕、低贱。一八六三年，英国外交官阿礼国出版了著作《大君之都：幕末日本风情记》（出口光朔译，岩波书店，1962 年），书里这样写道："狗是日本社会唯一难对付的东西。"大概当时在西方人眼里，日本犬和高呼"攘夷"驱逐他们的日本人一样，都是充满敌意的"野蛮动物"。

在《狗的帝国：从幕末日本到现代》（亚隆·斯卡普兰德著，本桥哲也译，岩波书店，2009 年）中，作者提到英国旅行作家伊莎贝拉·伯德用"原始的""带有攻击性的""像狼一样的"等词形容日本犬。这些词语明显带有当时的科学种族主义修辞学的特征。在帝国主义统治的世界，人们经常用类似的词语描写非西洋犬种。人类与狗的关系非常紧密，这从侧面体现出当时日本人在西方人眼里的形象同样不佳。

他们大概把对日本人的负面印象投射到了狗的身上。

类似的文字记录还有很多。赫本式罗马字的发明者、传教士詹姆斯·柯蒂斯·赫本在书里提到，他走在街上遇到一只狗，狗开始狂吠，接着狗叫声渐渐传遍了全城。只要一只狗察觉到异样，周围的狗就跟着进入警戒状态，用叫声威慑敌人。

如果来了个陌生的外国人，狗就更要叫了。以前村子里的狗自有一套完整的社会体系，一旦发现可疑的入侵者，或是有危险来临，狗就一齐吠叫，保护自己的领地（也就是村子）和主人免受外敌侵犯。就算来了头体形巨大的熊，好几只狗也会一起上，靠团队协作抵挡熊的入侵，饲主能通过狗叫察觉到屋外的异变。就在五十年前，中山间地带[①]的村庄还常把狗散养在屋外，这些狗的重要任务之一就是驱赶那些下山来到村庄的野生动物。主人出门的时候，它们看家护院。主人下地干农活的时候，要是有人找上门来，它们一定会叫。大伙儿都能听见，便会相互提醒："某某家的狗在叫了。"我小的时候，身边有很多这样的狗。当年孩子们会交流关于狗的信息，比如告诉对方："那条狗很危险。"

我小时候很想养狗，但父亲说狗要吃掉一份口粮，家里没有余粮，我就只能哭着让自己死心。现在回想起来，当年他说的也没有错。

您说的就是以前的"村狗"和"町狗"吧。柳田国男在书里描写过更早的乡村光景。"在我们出生的村子里，总能见到四五只'村狗'，但村子里没有一户人家养狗。村狗有什么就吃什么，在哪里睡觉全凭自己的喜好。"（《豆叶与

---

① 日本农林统计的地域区分之一，城市或平地以外的中间农业地域和山间农业地域的总称。

太阳》，创元社，1941年）柳田国男的童年时期是十九世纪八十年代，当时的村庄里总有几只狗，它们没有特定的饲主，介于家养与野生之间，以整座村庄为领地，依附于人类的生活，以获取食物与住处。日本引进西方文化的过程中，村民与半野生、无饲主的狗共存的现象被视为"野蛮"的象征，于是人与狗的松散社群逐渐走向崩塌。

其实在江户这样的大城市，野狗们扮演着清道夫的角色，专门处理残羹剩饭。

小时候，我曾瞒着爸妈，跟朋友一起偷偷喂养被人抛弃的野狗，或者擅自把野狗带回家，每当这种时候都会被臭骂一顿。时代不同了，现在一旦发现野狗，有关部门就会立刻抓捕并实施人道毁灭，整套系统相当完善，居民区几乎看不到野狗。

山里倒还能时不时见到成群结队的野狗。

我去千叶县的野狗人道毁灭机构拍过照片。那里有若干个房间，面积逐渐缩小，刚进来的狗被关在最大的房间，每转移一次，房间就缩小一些。爬到牢笼上面往下拍，我发现那些只剩几个小时可活的狗仿佛已经猜到自己的命运，只是静静待着不动。刚被抓来的狗被关在比较宽敞的地方，有的走来走去，有的叫个不停，有的疯狂交尾，简直一片混乱。死亡临近的时

《人道毁灭机构的狗》千叶县 1994 年

候，动物的交尾冲动会变强，以便留下后代。

　　人与宠物的关系常因人的一己之私被单方面切断，世上才有了这些人道毁灭机构。事实上，应该管理的是养宠物的人，而不是被遗弃的宠物。如今我们生活的时代，"宠物家人化"和"大量动物惨遭人道毁灭"这两种极端现象正同时出现。

　　自古以来，"拥有宠物"是饲主炫耀自己身份地位的方式之一。动物就像天价首饰或名牌商品，既能当作权力的象征，也能作为礼物赠送他人。也许这些功能直到现在也没有改变。

不过狗也不是一直被人捧在手心里。明治时代，出于对狂犬病的畏惧，也为了限制野狗的数量，各都道府县出台了畜犬管理办法，规定养狗必须备案。有关部门会给登记过的狗主人开具养狗证，有主人的家养犬与没有主人的野狗之间的区别越来越明显。伴随着畜犬税制度的实施，曾经的"村狗"和"町狗"越来越少。

今天的日本，主人出门遛狗的时候原则上必须使用狗绳。室内犬的比例不断上升，看家护院不再是狗的专长，人们会把这项工作交给监视摄像头和安保公司。狗咬人的次数减少了，但其他动物造成的兽害相应地增加了。

狗原本是后山的警卫员，数量越来越少后，附近的野生动物便可轻松地入侵村庄。加上有段时间人们大量淘汰脾气暴躁、会咬人的狗，挑选顺从的狗加以繁育，不适合看家和捕猎的狗越来越多，这可能是兽害频发的原因之一。我还听说有些人家明明养了狗看门，却被溜进屋里的小偷用食物成功地收买了。

我一直觉得，兽害的增加很可能与养狗方式的变化有一定关联。长野县有自治体专门设置了"散养特区"，还有些地方正大力培育"Monkey Dog"来驱赶猴子，但是总的来说，人们在这方面的认识还不够充分。兽害严重到这个地步，是时候重新审视狗存在的意义了。

狗紧随时代的演变、贴合人类的需求，一路进化过来，这样说好像没什么问题。它们是人类最成功的"动物邻居"。

　　狗发展到今天到底是进化了，还是进化又退化了，我也说不清楚。不过我最近经常听到新闻说"不中用的狗"这个词，比如人遛狗的时候遭到野生动物的袭击，还有狗跟主人一起碰到熊，结果狗扔下主人自己跑回了家。我认为原因有两方面，一方面是狗确实变软弱了，另一方面是人类忘记了狗原本的样子。

　　不过，宠物狗也很重要。小萤走了以后，我难过得要命，差点缓不过来。我真的不敢一个人上山，于是又接了两只同样品种的柴犬回来，一只叫"小宝"，另一只叫"小源"。不知它们能否通过训练成为我的好搭档，我很期待它们今后的表现。

《进入警戒状态的小萤》长野县 2014 年

《小宝和小源》长野县 2016 年

前往宫崎老师工作室的路上，我顺便去便利店买了早饭。正要跨进店门的时候，不知从哪里传来雏鸟"叽叽喳喳"的叫声。抬头一看，原来便利店的房檐下有个燕子窝。为什么燕子要在这里做窝呢，名侦探宫崎老师立刻推理出了答案。

动物也爱电灯

燕子在这里做窝应该跟便利店的电灯有关。这家店二十四小时营业，夜里也亮堂堂的。不过便利店的灯光不仅会引来顾客，还会招来虫子。近年来，越来越多的大型商超延长了营业时间，深夜还开着，射灯对准"营业中"的标识，有光亮，就招来了各种虫子。燕子以虫子为食，飞来飞去抓虫子吃，忙活到深夜，常有燕子干脆把窝安在商超的房檐下。有些商超会在门口装杀虫灯或杀虫器，如果没有这样的装置，食物就会源源不断送到燕子嘴边，还有比这更棒的环境吗？猎物排着队飞过来，简直跟吃回转寿司一样。对大鸟来说，喂饱每只雏鸟非常费力，它们会想尽办法提升"育儿效率"。在商超房檐下做窝，算是当代野生动物的智慧结晶。

除了燕子，还有种叫"白鹡鸰"的野鸟也很聪明。它们白天躲在暗处，天黑了就飞到停车场之类没什么人的地方，专拣死虫子

在玄关灯上筑巢的燕子 长野县 2003 年

在自动售货机上布网的蜘蛛 长野县 2007 年

吃。白鹡鸰的数量在这三十多年间飞快增长。

　　我们经常能在整晚亮着灯的自动售货机、桥梁护杆和公用电话的周围见到青蛙和壁虎，它们的目标正是被亮光引来的蜉蝣、蛾等昆虫。还有蜘蛛特别讲究效率，直接在自动售货机前布下蛛网，等待猎物光临。

　　有一次，我跑去兵库县，在人口较多的明石市附近寻找拍摄素材。逛着逛着，在营业到深夜的购物中心和高层公寓的聚集区发现了一座池塘。水面上倒映着附近建筑物发出的亮光。一只苍鹭立在那里抓鱼吃。人工照明成了渔火，为夜里看不清楚的鸟儿提供捕猎的条件。苍鹭在白天和夜晚都会觅食，比起伸手不见五指的地方，在灯光照得到、稍微亮堂些的地方觅食

在漂着垃圾的池塘找小鱼吃的苍鹭 兵库县 2002 年

似乎更高效。而且这些地方往往明暗对比强烈，人类很难发现融入暗处的活物。苍鹭巧妙地利用了这个盲点，从容不迫地享受着都市生活。

　　木曾山脉的黑熊一点也不怕灯光，甚至会在高速公路附近借助路灯找吃

在高速公路边捡栗子的黑熊 长野县 2009 年

的。灯光是人类追求方便的产物，没想到提升了野生动物的夜视能力，使它们在晚上和白天一样行动自如。

夜景与貉 山梨县 2013 年

　　看一看人造卫星拍摄的照片，夜晚的日本多亮啊。这样的环境肯定会对动物产生影响。短短一百多年前，日本才普及电，野生动物充分适应了环境的变化，顽强地活下来。对它们来说，电能已经成了自然的一部分，利用电能小菜一碟。人类照亮街道的同时，也照亮了人类附近的动物栖息地，改变了它们的夜晚。

桥下的夜鹭 东京都 2007 年

宫崎老师要参加卡地亚当代艺术基金会举办的"Le Grand Orchestre des Animaux"（伟大的动物乐团）展，我就跟他一起来到巴黎。虽然逗留的时间不长，我们还是决定好好调查一番巴黎市内的动物。在市区散了会儿步，我们走进卢森堡公园，立刻听见好几种鸟的叫声。

巴黎的鸟儿们

插在雕塑头顶的铁丝　巴黎　2016 年

　　一提到巴黎，很多人会想到这座城市的路上有好多狗屎。其实巴黎的鸽子屎也不少。

　　巴黎不光有家鸽，还有些斑尾林鸽混在里头。不认识斑尾林鸽的人很容易把它和家鸽搞混，斑尾林鸽的体形比家鸽大一圈，乍一看和日本的山斑鸠有点像。既然叫斑尾"林"鸽，它们应该生活在树林里，但城市里也常见它们的身影。要是你发现街旁某棵树下面有很多鸟屎，到了晚上，十有八九会有斑尾林鸽到这棵树上睡觉。

　　有些鸟类的粪便外面裹着一层明胶，大鸟会把雏鸟的粪便运出鸟巢扔掉。鸽子则会故意用小树枝杂乱地搭个鸟窝，让粪便掉到窝外。你看，那边有只斑尾林鸽在捡树枝做窝呢。哎哟，转眼就追着雌鸟的屁股跑了（笑）。不愧是巴黎的鸟儿，真够风流。

　　这座公园好像栖息着很多种鸟，松鸦、红领绿鹦鹉、紫翅椋鸟、鸫鹩、乌鸦……树上挂满了鸟儿爱吃的果子，还有喷泉可以当它们的饮水站，十分适宜鸟儿居住。人类特意打造的环

街上的海鸥 巴黎 2016 年

境，为鸟类提供了方便。

　　这里明明是远离大海的城区，却能看见海鸥。海鸥习惯在礁石上做窝，而巴黎的房子都是用石头砌成的，怪不得特别对海鸥的胃口。

　　巴黎城区的垃圾桶是把垃圾袋直接套在金属圈上，大概是为了防范恐怖袭击。对鸟儿来说，没有比这更好翻的垃圾桶了。

　　石膏像头上插着几根尖尖的铁丝，是为了防止鸟儿停在雕像头顶拉屎。铁丝实在有碍观瞻，但总比雕像身披鸟屎强得多。在巴黎，一年四季都有游客和本地居民喂鸟，市内行道树、公园、墓地也比较多，对鸟类来说，这绝对是一座宜居的城市。

第 5 章

森林、动物与人

森林、动物与人

　　"全球的森林正在以惊人的速度消失",这句话经常出现在媒体报道中。因人类对自然的破坏而走向灭绝的动物不计其数。日本约有七成国土被森林覆盖,这个比例在发达国家中名列前茅,仅次于芬兰、瑞典,堪称"森林大国"。

　　日本的高森林覆盖率,对栖息其中的野生动物和人类究竟有什么意义呢?为了探讨这个问题,我们来到了伊那市的"诹访形猪垣遗址"。

据说元禄时代之前，当地人就建起长达数公里的猪垣，将村庄与山脚隔开。现在我们看到的猪垣是后人重建的，再现了当年的景象。猪垣其实是用木头、石头等材料做的防御墙，把糟蹋庄稼的野猪、梅花鹿等大型动物挡在村外。以前邻近村庄的村民会一起建些形如堡垒的防御工程，如今人们造了一条和猪垣平行的电栅栏。无论过去还是现在，当地人都在为野生动物的入侵头疼。铁丝网的铁刺上经常挂着野猪和黑熊的毛。要防野猪，栅栏一米多高就够了，但鹿擅长跳跃，需要更高的栅栏。这一带有如此大规模的防御工程，可见兽害非常严重。

梅花鹿也好，野猪也好，所有能供人类食用的大型动物，古人一律称为"兽"。江户时代的农民不允许持枪，无法出击猎捕，只能在防御工程上下大力气。这处遗址充分体现了人类与野生动物曾经的对峙。

以前，人们经常在和兽道相接的农田上立个稻草人，这几年稻草人越来越少见了。据说，稻草人对动物的威吓不仅是视觉层面——外表接近人类，制作稻草人的材料大部分是布和动物的毛皮，布吸收了人类的汗水和体味，毛皮带着动物的气味。野生动物闻到这些气味，从嗅觉层面也受到威吓。但是稻草人的实际效果非常差，裹在稻草人身上的野猪皮都被动物啃掉了。另外，有种叫"鹿威"的全自动威吓装置，利用水力，每隔一段时间就发出响亮的声音，驱赶动物。自古以来，依山而居的人就像这样开动脑筋，与动物们斗智斗勇。

稻草人不单单是预防兽害的手段，也有学者认为它代表了人类请求田神护佑的意识。稻草人的作用到底是什么，学界众说纷纭，我觉得它有一定的象征意义。比如岩手县远野、岩泉地区的传统表演艺术"鹿舞"，当地人通过表演驯服那些祸害庄稼的鹿，祈祷丰收，也有说法是祭奠那些被杀死的鹿。

鹿特别爱吃即将结穗的稻子。到了食物短缺的冬天，它们连树皮都啃。因此，鹿自古以来就是兽害的代名词。加上鹿个个是大胃王，造成的危害自然更大，甚至可能改变周边的植被。为了防止动物吃掉嫩芽和幼苗，植物进化出毒液与尖刺。我见过啃乌头的鹿，吓了一大跳。乌头能治病，也能当毒药用，那头鹿大概把乌头当药吃了。还有一种可能：这是只新生代的鹿，正在不断拓宽食域，能吃的植物比以前的鹿多得多。

人类陷入饥饿状态，会吃有毒的苏铁。但您说的那头鹿应该不属于这种情况吧。

山上有的是吃的，照理说不会挨饿，我不知道它为什么要吃有毒的乌头。

这道猪垣旁边的旱田用电栅栏围着，这正反映出，时代变了，科技进步了，可兽害并没有消失。观察猪垣，我们能发现

《野猪与黑熊的毛》长野县 2006 年

《稻草人》长野县 2010 年

它随时代变迁产生的变化。这附近有用石头砌成的老猪垣，我们过去瞧瞧吧。

这边的石猪垣里里外外围了好几层，与山脚的轮廓线平行，旁边供奉着山神。猎人、烧炭人、伐木工等靠山吃山的人，自古就有在山的入口附近或山顶供奉山神的习惯。相传，这些供奉的小祠堂与石塔往往造在古人遇见山神或遭到报应的地方，用来镇山。上山干活、打猎总归有风险，人们会提前奉上神酒等贡品，祈求一路平安。靠山吃山的人素来信奉山神，他们将山划分成两片区域，外围是人类可以自由出入的"日常区"，深处就是非日常的"异界"，属于山神，是不可侵犯的圣域。不过这两片区域的分界线非常模糊，人类不时会把手伸向深山。

我会从另一个视角分析山神，这个视角和动物有关。传说中的山神一般是丑陋的女神，据说山神特别讨厌女性进山。我认为这种说法和人类的生理现象有关。从前和现在不同，没有条件每天洗澡，也没有能除臭的卫生巾，女性来月经的时候，身体会散发类似动物死尸、缺乏生命力的血腥味。狼、黑熊等动物能敏感地察觉到这股血腥味，被吸引出来。"叉鬼"[1]特别忌讳带女性出门打猎，特定的时期甚至禁止

① 在日本东北地区与北海道遵循传统方法集体狩猎的猎人。

《折草岭的山神》长野县 2006 年

女性上山，因此我推测，很久以前大概出现过生理期的女性在山上被动物袭击，或是动物闯入山上人类活动区之类的事情。不过这个观点有些难以启齿。

山神的形象极具多样性，各地都不同。《远野物语》里的山神大概已被世俗化，大多是外形诡异的男人或女人。不过，被"山男"[①]掳走或在山上突然失踪的人里，的确以女性居多。山神统治山林，无处不在。它具有两面性，既能带给人们美味的山珍，又会引发种种灾祸。在现代人的认知体系里，神灵心地善良，会帮我们实现愿望，殊不知它也有非常可怕的"邪神"的一面。

可不是吗。山神往往处在人类与动物的边界上。山有两种属性，一种是"信仰的对象"，另一种则是"生活的场所"。有的山可以为人所用，有的却不行。以前有些地方会专门举办开山仪式和关山仪式，通过这种管理方式不让人轻易上山。有的山干脆对女性下了禁令，很可能那个地方以前发生过很多起与女性有关的事件，当地人在漫长的岁月中不断积累经验，最终形成"女子勿入"的规矩。

据说，日本东北地区的叉鬼上山时要说和平时不一样的

①日本传说中住在深山里的妖怪。

"山话"，还有各种各样的禁忌。从这一点就能看出，他们把山上看成了不同于山下的异界。

《万叶集》里有好几处把"社"和"神社"念作"森"，这意味着"森"不单单指"成群的树木"，更有"神明居所"的含义。在冲绳列岛，人们把树木丛生的森林称为"御岳"，视作不可侵犯的圣域。这些御岳是祭祀活动的中心，维系着岛上的共同体。它们和日本本岛的森林一样，不设神殿，但当地人认为神明会通过蒲葵等媒介降临凡间。冈本太郎曾极大地被御岳的纯净震撼，他将那种感觉描述成"'一无所有'的眩晕"（冈本太郎，《被遗忘的日本：冲绳文化论》，中央公论社，1961 年）。

说不定远古信仰的原型在冲绳保留了下来。有些信仰的神体是山本身，比如奈良大神神社的神体就是三轮山。古人把树木茂密生长的地方称为"森"。日语"神社"一词来源于"神之社"。在日本，"镇守森林"是深山神体的依附物，它本该是神明与人类的分界线，可是近年来这条分界线正在逐渐崩塌。

如今森林大多分布在山上，森林和山几乎成了同义词。

这一带的猪垣，尤其是年代比较久远的，随时都可能崩塌。要是把无人相机对准翻越猪垣的动物，一定能拍出有意思的照片。森林已经侵入猪垣内部，单凭一张照片，我们就能看出人类的活动领域正在受到挤压。

想当年，这个地方是人类守护农田、和动物展开攻防大战的前线。不过，现在很多村庄后山的森林没人打理，看上去十分荒芜。

这要看你怎么定义"荒芜"了。从人类的角度看，原本有人定期养护、妥善管理的地方恣意长出各种树木，看上去的确有点荒芜。人工种植杉树、柏树后，整座山显得秩序井然，深处的原生林看上去也繁茂了许多。然而从动物的角度看，林子荒芜后，植物的种类更多样，长势更好，森林变得更繁盛，动物的食物也更富足。人类不能只用自己的标尺衡量事物，要养成用"复眼"看世界的习惯。

也就是说，比起植被固定、状态稳定的原生林和有专人打理、整齐划一的人工林，阳光能照进林床的杂树林生态位更多，物种也更多样。

人类本该是自然资源的消费者，却发展出农业，管理植物的生产过程。把同样的东西集中到一处，统一管控，这种状态其实是"非自然"的。"二战"以后的人工林就运用了这种手法。据说，人工林现在已经占到日本森林总面积的百分之四十。我们可以用"扭曲的自然"形容如今的状态。

人工林跟庄稼还不太一样，不可能一下子获得经济收益。随着木材价格下跌，林业的接班人越来越少，许多人工林就没人管了。人工林诞生之前，人们会定期前往村庄后山的森林，获取日常生活所需。比如野菜、野果、菌菇、竹笋和葛根，都能在森林里找到。而且对人类而言，森林中栖息的动物不仅是重要的蛋白质来源，还是药材和日用品的原料。

石油和煤等化石燃料、电力和燃气等基础设施普及之前，薪炭是人类主要的能源。无论做饭取暖还是制陶冶金造纸，都离不开薪炭。

后山承载的是集农耕、采伐与狩猎于一体的复合型生活模式。就像日本民间故事里的世界，"爷爷上山砍柴，奶奶去河边洗衣服"，《桃太郎》开篇就描绘了这样的后山风景。接着一只桃子从深山小河中顺流而下，来到一对与自然共生的老夫妇身边。

后山也是茅草与家畜饲料的产地。另外，看看那些年代久远的日式房屋，你会发现古人的建材基本是从山里来的，统统是树木、泥土和石头的馈赠。柱子、房梁、屋顶、地板、土墙……全都源于森林。置身于古老的日式房屋，能清楚听见屋外的声响：猫头鹰的叫声、青蛙的叫声……如今，人类渐渐远离自然，已经听不到这些声音了，在这之前，人类过着和现在大不相同的生活，许多不可或缺的日用品都靠森林提供。翻翻明治大正时期的后山照片，你会发现那些村庄后山往往十分贫瘠，跟秃山没什么两样。

有个朋友跟我说，有一次他跑到函馆附近的山上，想拍城区的景色。谁知周围的树木太茂密，挡住了街景。可是明治时期，有人在同一位置拍过照片，把整座城市拍得清清楚楚。北海道开拓使[1]让田本研造等摄影师拍摄"北海道开拓写真"，详尽地记录下众多山地和平原的森林如何逐渐被砍秃，大量木材怎样被用来铺设铁路、建造房屋。急于推进现代化的"和人"[2]通过开拓，也就是侵略，彻底改换了北海道的样貌。

人类居住的地方在动物眼里究竟是什么样子，我一直很关注这个问题。每次上山，我都想拍夜景，可是以前视野开阔的地方渐渐被茂密的树木挡住，拍摄点特别难找。

日本狼在明治时代灭绝，那时候森林最贫瘠，人类捕杀野生动物的力度最大。森林被滥伐，动物就没地方躲了，这么想想，日本狼当然会灭绝。而且那个年代，狼爱吃的鹿在日本各地遭到大量捕杀。

早在江户时代，日本各地的荒山就成了一大社会问题。进

[1]日本明治初期负责开拓北海道的行政机构。1886年并入北海道厅。
[2]指阿依努族以外的日本人。

入明治时代之后，曾经的藩有林①成了政府的"官林"或皇室的"御料林"，有关部门开始统一管理。与此同时，"神佛分离令"与"神社合祀令"②的颁布，导致大量镇守森林遭到砍伐，数量锐减至原先的三分之一。

生物学家、民俗学家南方熊楠在反对破坏镇守森林的运动中，首次在日本喊出"ecology"（生态学）这个词。

没错。为了推进近代化，政府与产业界想把那些以镇守森林形式保留下来的森林、神木与土地利用起来，熊楠则抱着"破坏自然就是破坏人类"的信念，勇敢地站了出来。他在日本熊野出生长大，深知以黏菌为首的微生物、动植物和人类共同织成了一张复杂、有机的关系网，守护这张网的正是镇守森林。因此，他坚决反对破坏镇守森林。可是对近代日本人而言，山与森林不再是带有宇宙论色彩的神秘异世界，攀登对象、风景和资源渐渐成了它们的主要属性。

森林里的枯叶与枯枝会被微生物分解，转化为腐叶土，为树木提供养分，这就形成了一个生态循环。人类硬是挤进这个自给自足的循环里，定期扒扒腐叶，捡捡枯枝，在管理这些东

《倒下的树》长野县 2016 年

西的同时，将它们用作农田的肥料。倒下的树和枯死的树是循环的组成部分，如果这棵树的树龄有三十年，它就会一边为白蚁和其他昆虫提供口粮，一边慢慢回归大地，整个过程差不多也是三十年。熊楠肯定很清楚这种小宇宙的运转方式。

要是人类过度利用森林资源，超出森林的再生速度，循环就会被打破，到时候吃苦头的是人类自己。因此，古代才有藩这样的政府机构妥善管理森林。现在的国有林很大程度上发挥着防护林的作用，总而言之，这些森林一直由政府管控。

为了防止人类自取灭亡，古人划出一片土地共同使用，拆分所有权，以共同体为单位统一管理。

如果什么都是先下手为强，想拿多少就拿多少，要不了多久，山林就会因滥砍滥伐而变秃，必须提前定好所有权和禁令等规矩，由共同体负责调整，保证山林的可持续利用。后山的森林是村民的聚集地，也是大家共生的平台。人们订立各种详细的规定与秩序防止森林资源的枯竭。比如簇生的植物不能全部采光，一定要留一点，或者在某个特定时期禁止入山，等等。

如果一个人受到"村八分"①的制裁，失去了土地的所有权，就意味着他同时失去了包括燃料、饲料和肥料在内的生命保障，这比没人帮忙操办葬礼和灭火更要命。

我曾经考查过岐阜县的德山村，那是座因建设水坝而沉入水底的村庄。正如"德山"这个名字，当地人有种自己是靠山养活的意识。这种自然观念细化为林林总总的规矩，为共同体的所有成员遵守。村民们原本生活在一个与河童、天狗和老祖宗共存的世界，可惜水坝工程让他们切断了自己与山林、祖先的联系，一笔安置费让他们走出山村，搬到山下人工修整的平地。原本过着半自给自足生活的人就这样变成了带有现代色彩的消费者，原来能直接从山林获取的水与食物，成了借助金钱间接获取的东西。问题是，金钱跟山川是两回事，用光了就没有了，没办法留给后人。

对了，我看过德山村那位很有名的"相机奶奶"增山达子女士拍的照片，他们村的后山看起来快秃了。

听说在"二战"以后，山里陆陆续续来过不少人，其中有造纸公司的人。除了留山②，其他地方几乎被砍光了。曾

①江户时代以后，日本村落实行的制裁方式之一。对扰乱村子秩序的人及其家属，全体村民约定除葬礼和火灾两种情况外，断绝其他所有来往。
②禁止打猎或采伐的山。

几何时，城市的能源与建材源于从事薪炭生产和林业的山村。这些村子里往往流传着山姥、天狗、神隐等可怕的传说，让人不敢轻易闯入。从某种角度看，这些传说起到过屏障的作用，阻止了人类过度开发山林。我听过一个民间故事，山神会在每年的某一天清点山上的树木，要是在那天砍树，就会有灾难降临。

日本人自古就相信，森林中有神明坐镇，镇守森林里的树木尤其神圣，绝不能轻易砍伐。这种信仰不光可以保护森林资源，还可以保护人类赖以生存的水源，毕竟山泉与河川也在森林内。在四国岛的四万十川上游，有处河流发源地，名字就叫"不入山"。

对了，之前录制 NHK 的节目时，我有幸和在三陆从事生蚝养殖工作的畠山重笃先生进行了一场对谈。他坚信"森林是大海的恋人"，在养殖生蚝之余植树造林。为什么要造林呢？因为树木会产生落叶，雨水渗进地里带走铁等矿物质和浮游植物等有机物，然后汇聚成流，奔向大海。这些营养成分会成为浮游动物的口粮，而浮游动物能养活一大批鱼类，促成海洋的繁荣。畠山先生认为这样的循环非常重要，所以才致力于植树。

日本把人力可及的沿岸海域称为"里海"。据说，海藻、海葵等生物会附着在里海的生蚝养殖筏上，养殖筏下面就成了鱼的食堂，总有许多鱼游来游去（井上恭介、NHK"里海"

采访组，《里海资本论：日本社会建立在"共生原理"上》，角川书店，2015 年）。从这个角度看，人类的介入丰富了里海生物的多样性。但是总有人误以为不进行人为调控，放任不管，把一切交给自然，才是所谓的"自然保护"。

生蚝的净水能力很强，称得上"海边的清道夫"。把它放进水缸里养一会儿，就算缸里装的是泥水，水里的浮游生物也会被迅速过滤掉。

总而言之，山也好，海也好，两者之间的平地也好，都不是完全独立的，大家紧密相连。

照片能帮助我们用更广阔、更长远的视角把握这种循环的全局。照片的寿命比人长多了，能把那些容易被人眼漏掉的小细节全部锁定在画面中，长久保留下来。现在回头看看当年拍的纪念照，背景中的山会成为耐人寻味的史料。要是以照片或森林的漫长时间轴为标准的话，江户时代也没有那么遥远。

按这个标准，江户时代就是"最近"的事情。如果以数十年、数百年为尺度观察大自然，会发现大自然的变化很明显。要是能以千年为尺度，长期跟踪大自然的变化，那该多好啊。

当年，日本各地的村庄背后有草山，就像奈良的若草山，生活在现代的我们很难想象出那幅景象。若草山之所以长满了草，是因为人们每年要放火烧山，获得草肥等资源。古人曾多次在那一带建设都城，寺院与民宅也比较集中，树木既能当建材，又能当生活燃料，消耗得肯定很快。除了禁止砍伐的区域，其他地方好像快被砍秃了。《从绘卷图画解读人与景观的历史》（小椋纯一著，雄山阁出版，1992年）里说，京都周边曾有一大片荒山。作者通过大量的绘卷与屏风画，解读过去的植被，我觉得这种做法很有意思。

有学者认为，古代日本人之所以迁都，是为了确保城市居民的生活燃料。古代文明存在过的地方都呈现严重的沙漠化倾向，可见文明本身会造成森林的过度消耗。在江户时代的浮世绘里，比起繁茂的森林，荒山和零零星星长着几棵松树的风景更常见。看来那并不是一种省略或抽象的绘画手法，而是画家实际见到的景象。

普通的树木在干燥、贫瘠的土壤上无法生长，但赤松是个例外。松茸是长在赤松根部的菌类，在土壤营养丰富的环境下，它竞争不过其他植物，总也长不好。我听说培育松茸的人会特意把积在地表的腐叶土铲掉。

动画电影《在这世界的角落》里，主人公去松林捡松叶当燃料用的场景给我留下了深刻的印象。松树的枯叶含有大量可燃性树脂，用来引火刚刚好。村庄附近的落叶会被人们中途"截走"，越是接近人类聚居区的森林，土壤就越贫瘠，越靠近深山的就越富饶。

到林子里走一走，你会发现森林生产的腐叶土非常蓬松柔软，有大量的缝隙，储藏着充足的空气和水分，腐叶土可以保护表土，防止水土流失。据说在江户时代，河川下游经常暴发洪水、泥石流等自然灾害，比如离这里不远的天龙川，古人就给它起了个外号，叫"狂暴天龙"。

天龙川流泻的沙土和风一起创造出远州滩的滨冈沙丘，滨冈核电站就建在沙丘东侧的松软地基上。那一带会刮非常猛烈的西风，人称"远州的旱风"，周围种了很多防风林和防沙林。其实在江户时代，日本各地就开始植树造林，保卫人类生活的家园，比如防潮林、防火林，等等。

江户时代，甚至更远古的时代，森林是燃料、牛马饲料和农田堆肥的来源，日常生活中，村民们会管理村庄附近的森林。也就是说，森林是人类生活圈的一部分。从这个角度看，以前后山森林应该比现在更荒芜。现在，森林的面积前所未有地大，但净是密密麻麻种着同一种树的"非自然林"。长久以来，人们大力发展整齐划一的森林，这样的人工林经济效益更高。如果以植物为原料的纤维素纳米纤维在下一轮工业革命中脱颖而出，日本的山就又要秃了。

现在有些东西还没被人类定义为资源，一旦人类意识到它们是资源，关注程度就完全不一样了，铀和铝就是典型的例子。

人类曾经过度压榨森林的证据，就在山阳新干线的车窗外。当车辆行驶在神户与广岛之间时，你可以观察一下日本中国地区的山地是什么状态。那一带的山还在再生，乍一看有很多比较年轻的树，用树的生长时间倒推一下，你就能想象出山上原来是什么样子。据我推测，对那片森林的过度砍伐很可能持续到明治时代，以致那片林地到现在还没缓过来。

从江户时代到明治中期，中国地区的山地是日本首屈一指的风箱炼铁基地，当年山上有许多村庄。薪炭就不用说了，肥料、饲料、炼铁矿砂……全都要用到森林资源。宫崎骏的动画电影《幽灵公主》的故事就发生在以岛根县菅谷炼铁区为原型的炼铁工坊内，人类为了炼铁矿砂挖土伐木，惹恼了山上的动物，它们向人类发动进攻……故事的最后，山神兽死了，植物吐出嫩芽，荒山重获生机。

宫崎骏老师真是做了不少功课（笑）。养蚕需要用火控制蚕室的温度，生产海盐需要用火把海水熬干，都需要大量薪炭。当年的森林不光是工业和农业的支柱，还是撑起人类生活的头号能源。日本的中国地区降水量少，广布此地的花岗岩易被风化，这些先天不足也使得森林比较贫瘠。

有一年冬天，我坐东北新干线从东京去盛冈。窗外的山野风景给我留下了深刻的印象。在树木很小或被砍伐过的地方，会积上厚厚的一层白雪，而窗外的山大多被茂密的森林覆盖，补丁形状的积雪零星分布。这说明当地的森林状态很好，大概这一带人口密度向来比较低，或是雪水比较充足，对森林的伤害降到了最小吧。新干线能在很短的时间内移动几十公里，把不同地区的风景展现在我们面前，像这样远远地观察森林的构成与树木的生长情况，多有意思啊。

东北地区的森林好像多是国有林。据说，江户时代有种叫"御救山"的制度，饥荒来临的时候，各藩会临时开放留山救济灾民，人们可以进山采集食物，或是用森林资源换钱糊口。在关键时刻，人们使出最后一招，走进靠禁伐守住的森林。那个年代，随时可能遭遇饥荒，哪些野菜、菌菇能吃就成了关乎生存的重要知识。总之，森林和人类的生活、命运紧密相连。今天的森林比以前丰饶，人们对动植物的认识与利用技术却相对贫乏。

请问在伊那谷周边，森林的变化有没有带来动物分布和其他方面的变化呢？

我对自然的观察持续了快半个世纪。在观察山区动物群的过程中，我渐渐发现，环境的变化总是对某种动物有利，对另

《野兔》长野县 1975 年

《日本鬣羚》长野县 1975 年

一种动物不利。这是种周期性重复的现象。比如二十世纪六十年代中期，我每次开车经过某条林道，会看见好多野兔从路边跳出来。多的时候，开十公里就能见到几十只。当时日本出台了扩大造林政策，小树苗非常多，喜欢草原的野兔一下子多了起来。过了一段时间，无人相机拍到野兔的频率越来越低。三十年后，我再开车去那条林道，根本碰不到野兔。随着小树苗长大，日本鬣羚和梅花鹿的数量逐渐增多，势头压过野兔。野兔一见到天敌就借助爆发力迅速逃跑，"动如脱兔"的说法当真传神。森林里的杂草比较多，视野不太开阔，野兔的活动难免会受到限制，这可能对它们的生存造成了不利影响。

　　一九六六年，上山参加防沙工程建设的工人告诉我，他们看见了鬣羚。这种动物向来神出鬼没，难得一见，接到消息之后，我立刻来到他们所说的地方。那是片一眼望不到头的砍伐地，到处是巨大的树桩。山坡上种了很多五十厘米高的落叶松树苗，正要转型成大规模的人工林。我本以为鬣羚出没的地方自然环境肯定很好，谁知实际情况完全不是那么回事，那里分明是自然遭到严重破坏的现场。就在我找个树桩坐下、准备吃便当的时候，濒临灭绝的鬣羚突然出现在眼前，我都有些蒙了。后来我花了六年多的时间跟拍鬣羚，没有一天不见到它们。最厉害的时候足足有十七头一起出现在砍伐地。

　　为什么原本难得一见的鬣羚这么频繁地出现呢？

我当年一边观察，一边琢磨这个问题，后来我意识到，那片砍伐地大概成了它们的食堂。具体怎么回事呢？繁茂的森林被砍光，就意味着山的表面被重置，处于恢复期。各种各样的植物焕发新生，争相萌芽，为鬣羚提供了丰富的食物，它们的数量便会增加。大树会分泌"植物杀菌素"等抑制其他植物发芽的物质，人类把大树砍掉，于是在土壤里等待机会的各类种子开始发芽。

　　前一阵子有则新闻说，美国出土的土器里发现了八百多年前的种子，种下去，居然长出了某种已经灭绝的南瓜。植物的种子可以等上几十年，甚至几百年，即使该物种灭绝了，种子依然能等下去，直到有了合适的环境再发芽。多亏人类的挖掘，一些植物才有了发芽的机会。

　　这么看来，人类对自然的扰乱也可能为动植物带来磨炼与发展的契机。砍伐树木乍一看是破坏自然环境，但有些植物恰恰因为大树被砍掉才能发芽，鬣羚就爱吃这些新长出来的植物。这件事改变了我对"破坏自然"的认知。我始终认为，鬣羚和梅花鹿的激增与日本政府六十年代推行的扩大造林政策密切相关。

　　砍伐森林造成一些物种的衰败，也带来另一些物种的繁荣。日本政府把砍伐再造作为国策，在广阔的土地上大规模推行，不可避免会对物种造成巨大影响。

《日本鬣羚》长野县 1976年

《日本鬣羚》长野县 2016年

初次拍到鬣羚的六年后，我发现高海拔地区激增的鬣羚竟然下山来到平地，这可是它们原来绝不会涉足的地方。鬣羚成了很容易就能碰见的动物，我就不再拍它们了。对人们来说，鬣羚不再那么罕见。我记得当时鬣羚啃了不少人们辛辛苦苦栽种的扁柏树苗，这件事还成了一大社会问题。

砍伐地人工种植的落叶松长到五六米高的时候，那些野生植物群落呈现出两极分化的趋势。一类会长到跟落叶松差不多高，另一类偏矮的植物则在物种竞争中败下阵来，渐渐消失。鬣羚没有长颈鹿那么长的脖子，高处的树叶再好吃也够不到，数量就渐渐变少了。

这真是自然而然地调节了种群数量。

激增过后，鬣羚的数量慢慢稳定下来，但猴子和黑熊另当别论。七十年代的时候，我根本拍不到熊，几乎要怀疑自己这辈子都拍不到了。现在倒好，把无人相机固定在一个位置就能频频拍到熊，而且是不同的个体。可见熊已经离人类相当近了。驹根的猴子数量也在飞速增长，这可能是当地的树木长到三四十米高的缘故。虽然是人工林，对于能充分利用地面到树顶的立体空间寻找食物的动物来说，这样的环境也很有利。

多么戏剧性的变化啊。在西日本，大家总说黑熊的数量太少，京都府更把它列入濒危物种名单，可是最近总能听到有人目击黑熊的新闻。

我在冈山县用无人相机拍到了好多黑熊。我觉得政府推测的黑熊数量和实际数量有很大的误差。现在全日本到底有多少头黑熊，超过多少要捕杀，低于多少要大力保护，我们必须尽快把标准线定出来。无意识喂食和间接喂食的时代已经到来，一定要先把这些标准定下来。

动物的数量只能靠推测，做不到完全精确，千万不能想得太乐观。

在您小的时候，村庄附近的山大概是什么样子的呢？

我在长野县的中川村出生长大，村子附近的山是典型的中山间地带的后山。山上长着一米多高的树，无论走到哪里视野都很开阔。地表保持着干燥的状态。我还记得当年有好多夜鹰在地上做窝，一下雪到处是野兔的脚印，到了夏天，满地是野兔的粪便。

就跟歌里唱的那样："追过兔子的那座山，钓过小鱼的那条河"①。

①日本民谣《故乡》的歌词："兎追いし かの山 小鮒釣りし かの川。"

但是半个世纪后,《故乡》歌词里的风景就完全变了样。树木长得又高又大,十分茂密,人一进山,视野就会被树木挡住,完全无法远眺。原本随处可见的野兔销声匿迹,根本看不到。不过,优势种①逐渐占领森林后,林床会产生一定的空隙,为野兔的跑动提供便利,野兔就会慢慢多起来,数量趋于稳定。总而言之,动物的兴衰随森林环境反复变化。通过观察这些现象,我意识到规划树木成长时必须以百年为单位,而生活在森林里的动物寿命要短得多,两者的时间轴完全不同。

　　为什么近年来日本的森林越来越茂密了呢?不过,每个地区的情况不太一样,没法用"日本的森林"来概括吧。

　　总的来说,这和一九六〇年前后以化石燃料为首的能源革命有很大关系。明治时期以后,煤炭成了主力燃料。到了战争时期,木材不仅是建材,还被用在飞机的螺旋桨和机体上。物资耗尽之后,为了继续打仗,人们连松树的树根都不放过,挖出来榨油,把森林压榨到了极点。好不容易熬到"二战"以后,又要用木材重建化作焦土的城市,山林就这样日渐荒芜。再后来,燃气、石油和电力让人们的生活更加方便,加上化学肥料的普及,人们不再像以前那样频繁地使用森林资源了。

---

①植物群落各层次中占优势的植物。

我没去森林采集过生活必需品，没想到这些年来不单单是人类生活和森林的关系发生了变化，随着化肥的普及，农业与森林的有机联系也逐渐变弱了。

日本从一九五〇年开始举办全国植树节，宣传口号是"为荒芜的国土披上绿色的盛装"，皇室成员也会出席相关活动。这从侧面反映出，战争过后，日本的森林荒芜到了极点，逼得政府不得不这样做。

六十年代，日本各地大力发展人工林，有的地方种杉树，这种树树干笔直，便于加工，而且生长速度快。有的地方种扁柏、落叶松等针叶树。后来随着进口木材的增加，日本国内的林业日渐衰败，大量森林无人管理，才有了今天的局面。

日本四分之一的国民患有花粉症，据说这种病的元凶就是失去用武之地的杉树林和其他人工林。人体的免疫系统与急剧变化的环境产生冲突，引发过敏反应。因此我们可以说，人类基因的变化没赶上文化与技术的急剧变化。我的花粉症很严重，去医院只能改善打喷嚏、流鼻涕这样的表面症状。六十年代以后，花粉症患者开始多起来，这和日本的经济高速增长期及政府出台扩大造林政策的时期完全吻合。

花粉症算是一种文明病。免疫系统本应攻击、消灭对人体有害的物质，过敏就是对无害物质做出的过度反应。我要是得了花粉症，上山工作就太痛苦了。

大家都说西方是"石文化"，日本是"木文化"，不过，今天日本丰富的森林资源和木文化，很大程度建立在其他国家的森林消失的基础上。这年头，大多数生活用品用塑料做成，对孩子们来说，木头已经不再是随处可见的东西，连"木育"①这个词都成了日本全社会关注的热点。

如今印着木纹的仿木制品越来越多。我小时候可不是这样，房子大都是木材建的，玩的东西也都是木头做的，简直无时无刻不受木育的熏陶。为了防范火灾，有关部门开始提倡铁皮或瓦片屋顶，专门给屋顶铺茅草的工匠越来越少。这么说起来，连电线杆都在不知不觉中从杉木变成了混凝土。

经济高速发展期以及后来的泡沫经济时期，大量山区年轻劳动力转战城市，这种人口流动对森林造成了怎样的影响？

乡下的娶妻难问题非常严重，我老家就有很多人为讨不到媳妇而发愁。泡沫经济时期，经常能见到婚介所的广告牌，专

① 2004年北海道林业司为促进林业发展、以及人与树木、自然的和谐发展而提出的一种教育理念。

《跨国婚姻介绍所的广告牌》长野县 2014 年

门给乡下单身汉介绍中国媳妇和东南亚媳妇，现在已经不常见了。人口流向城市，家庭规模不断缩小，"核家族"①成为常态，光靠那些留在乡下的老人不能完成管理自然的工作，这是日本乡村的现状。日本各地不乏即将被森林吞没的房屋。自然与人类的平衡一旦崩塌，山神说不定会来到民宅的房檐下。

我们可以这么说：森林从人类生活必需品的提供者变成经济利益的提供者，山村的共同体逐渐崩塌。在这个过程中，山的主人从山神变成造纸公司、电力公司和政府机构。森林在漫长的时间轴上演变，靠个人去维护、管理，难度肯定很大，要是不对老祖宗留下的遗产心怀感恩，不愿为子孙后代造福，就难上加难了。

林业是必须长远考虑的行业，但是在今天的大环境下，这样的商业模式大概很难维持吧。

———————————

① nuclear family，仅由夫妇二人与尚未成婚的孩子构成的家庭。

"极限村落"①连最基本的地区社群都难以维持，这个问题长久以来困扰着大家，但这恐怕是"二战"以后日本国家规划——将大量人口集中在太平洋沿岸城市带来的结果。

　　您的作品《隔壁的黑熊》（新树社，2010年）聚焦于随植物群变化的动物群。您在书中指出，熊与人类的生境分离②结构发生了变化，大型野生动物才会逼近人类身边。

　　总有媒体说，熊之所以下山跑到村庄附近，是因为针叶树林太多，会结果的植物变少了。但是人工林内部的植物群多种多样，有的是会结果的植物，比如紫葛、五味子、树莓、软枣猕猴桃……供熊食用的植物其实很繁茂，林床遍地是熊爱吃的蜂窝、蚂蚁窝等。人工林树下的杂草没有被修剪过，放眼望去，全是猴子和熊爱吃的食物，驹根的猴子繁殖势头很猛，数量快达到上世纪六十年代的三倍了。现在的环境对那些利用森林生存的动物十分有利。

　　走路时我们往往会把注意力集中在自己看得到的地方，没有意识到视野上下还有巨大的空间。时代已经变了，很多原本生活在深山里的动物正在把阵地转向靠近村庄的后山。

---

①人口密度下降，六十五岁以上的老年人占总人口百分之五十以上的村落。
②同一地区内的不同群体因生活在不同的小生存环境内而造成的隔离。

《紫葛》长野县 2007 年

　　观察熊的粪便和进食痕迹就知道，熊不只吃橡果和栗子，它们会挑自己爱吃的东西吃。食物那么丰富，动物的数量都在增加，熊的数量怎么会减少。无论是人撞见熊的次数，还是村里发现的熊的痕迹，都比以前多得多。

　　山上的植物自古以来就盛衰循环，这和动物频繁出没于村庄是两回事，分开来看比较好。

　　与几十年甚至和几百年前相比，现在的森林肯定丰饶得多。大家普遍认为，以前的森林比现在的繁茂，但这些都是先入为主的观念。单看山上的森林，不能说现在的自然环境遭到更严重的破坏。一直待在树木较少的城市，人们有这样的想法不足为奇，可要是长年生活在靠近森林的地方，你会切身感受到森林变得越来越浓密，人类活动的边界在不断后退。对比一下上世纪七十年代和今天的山林照片，这种变化一目了然。我手上有两组山坡的照片，是在同一个位置拍的。你看，原本矮矮的小树都长高了，挡住了远处的山。这样的照片放很久都不会坏，拍摄时要把眼光放长远些，定点观测很有必要。两组照片摆在一起，你会发现，一九七〇年，这片拍摄地上人工种植的落叶松还不成气候，不到四十年的时间，小树长成了参天大树，林

《日本猕猴》长野县 2013 年

《现身于间伐后人工林的黑熊》长野县 2010 年

子也变密了。

两张照片相隔四十年，这个拍摄跨度简直堪比树木的生长周期。这些看似寻常的照片就像老酒一样，越陈越香。不过摄影师要是靠这种商业模式，肯定要破产（笑）。

可不是吗，就算从二十多岁开始拍，等到能发表作品，人都六十好几了。不过以长远目光拍出的照片，能一下子反映出，日本的森林越来越茂密了。

有一次，我坐国内航班的时候看了一眼窗外，发现下面尽是绵延不断的茂密森林，真是吓了一跳。人类居住的地方基本是河流形成的扇形地带，列岛的中心部分全是幽深的森林。森林很茂盛，在它的边缘部分，也就是后山，人类明显被森林的气势压倒了。如果把后山的树林包括在内，原本作为一个整体的"山村"现在被分隔成了"山"和"村"。

日语里好像有个词叫"绳文里山"，据说，考古学家在青森县三内丸山遗址的村落发现了人类管理栗树林的证据。日本人利用森林的历史可以追溯到绳文时期，如今我们已经迎来一个与历史不同的时代。

最近日本各地的核桃树猛增，让我特别吃惊。无论是从长野到秋田的国道，还是市町村的公路，路边都长满了核桃树。

恐怕无人看管的树林在其中发挥了很大的作用，松鼠、老鼠等小动物把树种带到四面八方，核桃树就增多了。小动物喜欢把口粮藏起来，却不记得回去取，久而久之，地里的种子就生根发芽了。它们成了绝佳的种子播撒者。只是，核桃的壳很硬，要是在公路上弹起来，撞到挡风玻璃，后果不堪设想。

我前阵子开车从名古屋出发，经刚开通的新东名高速公路去东京。还没开到滨松，路边就出现了"鹿出没注意"的牌子和电子显示屏，一块接着一块，一直到御殿场。

静冈县的鹿好像增加了不少。把日本各地的高速公路走一遍，专看这类警示牌，也很有意思。

走高速公路环游日本，你会发现山坡上有很多孤零零的民宅与农田。粮食短缺的时候，平原极少的地区，人们会迁移到其他地方，或是把附近的山坡改造成梯田，种植作物。随着本地人口减少，越来越多耕地被丢弃，曾经的农田迅速长出茂密的草木。动物们就会盯上剩下的农田和地里的作物，人们不得不搭建栅栏，把农田围起来。在中山间地带，老人在围栏里干农活已经成了常态。乍一看像是在笼子里干活，不知道被关起来的到底是人还是动物。

人类现在好像被困在了孤岛上。弥生时代之后，日本人不断开拓农田，把动物逼到森林和山区，现在却反过来，森

《山坡①》长野县 1970 年

《山坡②》长野县 1970 年

《山坡①》长野县 2008 年

《山坡②》长野县 2008 年

《针毛鼠》长野县 1982 年

林的势头压过了人
类，动物开始占领人
类曾经的生活区。

人类对森林的力
量前所未有的微弱。现在人们进山的机会变少了，后山年轻力
壮的人也越来越少，导致人类的防御力下降。总的来说，引诱
动物向人类靠近的因素越来越多，而让动物远离人类的因素越
来越少。

这么看来，现在的森林前所未有的丰饶啊，这既有积极
影响，也带来了消极影响。积极影响是水土流失减少了，消
极影响则是兽害变多了。

《森林饱和：探究国土的转变》（太田猛彦著，NHK 出
版，2012 年）中指出，人类当年过度利用森林，频频引发水
灾，泥沙顺着河川流失，在海岸形成沙滩。如今森林处于饱
和状态，海岸线开始后退。他的观点很有说服力。

那本书的作者还提出另一个问题，日本三景之一的"天桥
立"本是河上的沙洲，受山上防沙工程的影响，沙土的流失量
变少，沙洲越来越小，变成如今的沙嘴景观。松林景观在日本
较具代表性，在人类与自然长期的制衡中逐渐形成，这种景观
怕是也要迎来关键的转折点了。

所谓的后山景观是人类与自然抗衡中形成的混合态，可以说，正因为人类长期生活在某地，当地的景观才能反映出历史的变迁。身处人类管控下的自然，能让我们心情舒畅。要是放任自然，让草木变得过于密集，挡住了视野，我们就会不安。日语的"自然"源于汉语，意思是"不经人工雕饰的环境"，但后山是人类活动的场域，它和英语中与"人为"相对的"nature"不完全一致。后山算是破坏自然形成的人工的、次生的自然，也可以说它是人类活动与自然相互调和的结果。在亚马逊的热带雨林，用来当建材和食物的植物被种在原住民的村落附近，有学者认为，这样的雨林可以算作人工林，与后山的环境类似。

　　真咬文嚼字起来，"保护后山的自然"这个说法本身就不太准确。

　　是啊，人的气势一减弱，就会被自然压回去，后山就变得荒芜了。换个角度来诠释"荒芜"，就是自然逐渐把后山包围、吸收，人与动物的物理距离被拉近，动物对人类的恐惧心理渐渐变弱。

　　毕竟人类现在狩猎的力度史无前例的低啊。

　　夜晚站在城市附近的山顶，可以清楚地看到城区的灯光，听到街上发出的各种声响。对寿命比较短的动物来说，这些声

《山坡上被包围的旱田》兵库县 2003 年

《在防止野兽入侵的围栏中劳作》长野县 2007 年

音和光亮是自然环境的一部分，它们自打出生就开始接触这些东西，根本不怕人类与接连登场的人造物品，人类对自然界也越来越不感兴趣。动物能敏感地捕捉到人类社会的变化，它们充分利用人类的漠不关心，步步逼近。我们必须认识到，动物与人类的界线已经推到人类眼皮底下，比我们想象中近得多。

我在《摄影记录 当代野生动物：人有什么好怕的》（农文协，2012年）里提到，如今野生动物"目中无人"的原因之一就是人类。人类对自然与动物的意识越来越薄弱，动物越来越不把人放在眼里。如今连心理防线都失灵，动物做出各种胆大包天的行为，巧妙地钻进人与自然的心理缝隙。

动物之所以"目中无人"，是因为原本起缓冲作用的后山变得人迹罕至了。人与动物的心理距离在扩大，物理距离却在缩小，这才是引发兽害的主要原因之一。

以前，常有人说被狐狸或貉骗了。这从侧面说明人类与动物的心理距离原本很近。现在要是有人说这种话，大概会被人笑死吧。貉在日语里写作"狸"，反犬旁加个"里"①字，可见它们自古以来就生活在人类附近。

发生大规模自然灾害的时候，人们会暂时重拾对自然的

---

① "里"在日语中意为"村庄"。

敬畏，但是在日常生活中，根本没人会在意自然。照理说，动物都有"吃一堑长一智"的基因，比起成功经验，攸关生死的失败经验会记得更牢。可是每次听到"重启核电站"之类的新闻，我都会不由得想，人类的动物本能到底跑哪儿去了？寺田寅彦说过，遗忘是合乎人性的自然现象。近年来，在网络的影响下，人们遗忘的速度越来越快。

有句老话说得好，天灾总是在人们淡忘它时降临。最近，日本各地频频发生人们上山摘野菜、散步时遭遇动物袭击的事件，媒体经常报道这类新闻。可悲的是，人只有吃过苦头才能意识到问题的严重性。丰富多样的自然环境和熊、眼镜蛇、马蜂出没的风险并存，这一点我们绝不能忘记。常有人说："那儿冒出熊了！"其实不如说："那儿有熊！"那里本来就是它们的生活区啊。

二〇〇〇年初，我就提出："黑熊的数量在增加。"遭到专家们的强烈反对。他们毫不留情地说："胡扯！黑熊是濒危动物！"十年后，业界才渐渐出现一小部分人支持我。再过十年，恐怕所有人都会意识到黑熊的数量的确在增加。要不了多久，我的观点就会得到大家的认同。之后再等十年，黑熊普遍存在且数量众多会成为众所周知的事实。到了那个时候，大多数人肯定会觉得讨论黑熊是不是在增加太落伍了。对梅花鹿和苍鹰的认知经历过同样的过程，这说明日本社会看待自然的方式几十年来从未改变。

这大概就是合乎人性的自然现象吧。动物们不断扩大栖息地范围，丝毫不把人类放在眼里。人类没有认真了解动物，动物对人类的了解倒是很深刻。

后山的森林还很贫瘠的时候，大型动物下山要经过栖息地与人类生活区之间的广阔原野或荒山，这意味着它们必须冒着被猎人或狗发现的风险。现在的动物只要好好利用和山相连的森林，或是没人打理的草丛，就能安全下山。即使它们在伊那谷，也能轻易来到民宅附近。日本各地这种情况正在增加。

受农耕面积缩减政策和弃耕地增加的影响，未经修剪的草丛越来越多。从前，动物和人类会互相揣摩对方的心思，免得在后山撞见。现在动物察觉到人类的变化，便开始迅速入侵。

由于后山人口密度下降，本该生活在深山的大型动物成了人类的邻居，各地兽害频发在所难免。人类疏远了森林，动物们却在一步步向我们靠近。再这么下去，兽害绝不可能减少，只会直线上升。

我从小到大都住在伊那谷，很多照片是在老家拍的。不过我始终觉得，自己指出的不仅是当地的问题，更是日本普遍存在的问题。

老家的人际关系比较复杂，您首当其冲并坚持拍摄，一定很不容易。您的照片告诉人们，"景点有熊出没"，影响旅游景点的生意，人家可能会找您抗议吧。

正所谓"眼不见为净"，常有人埋怨我说："还不如不告诉我呢。"也有人骂我多管闲事。

直面让人不快的现实，确实不太容易。照片是无法撼动的铁证，把森林飞速逼近人类的事实摆在了我们面前。

曾经，全日本悲观地认为日本的自然要崩溃了，野生动物正在大量灭绝。依我看，人类在经济高速发展期以极其强硬、傲慢的态度开发自然，"保护自然"正是我们对此表示担忧与反省的产物。实际上，自然并没有人类想象的那么脆弱，它会按自然界的规律有条不紊地运转，毫不在意人类的想法。看似破坏自然的行为对某些动物来说不是什么好事，对另一些动物却十分有利。乍一看自然变得荒芜，换个角度观察，会发现它变得更加丰饶。动物们教会我用"复眼"看世界。

我的无人相机有点借用"树木视角"的意思，试着从这个角度观察，你会发现人类世界呈现出的风貌与平时截然不同。无人相机的时间轴刚好和人类的错开，用它拍摄的照片能给我们提供许许多多冷静解读自然的线索。

日本人居住在森林大国中，我们必须正视并理解发生在这

《野猪》长野县 2013 年

《木曽山脉的南驹岳与伊那谷》长野县 2008 年

片土地上的现实，不要只用人类社会的标尺衡量现象，而要逐步将自然的标尺纳入视野，构筑我们的文化与生活方式。

尾声

　　我出生在"二战"以后的复兴期，是所谓的"团块世代"①。父母都要上班，我五六岁的时候就成了"挂钥匙的孩子"②。不过在长野县南部的山村，没几户人家锁门，总是被一个人留在家里的我是个名不符实的钥匙儿童，家附近的山林与农田成了我的游乐

场。在户外，我尝到了独自玩耍的甜头，野鸟、昆虫和其他生活在自然中的小动物都是我的朋友。我对野鸟尤其感兴趣，发现它们会用好几种语言沟通。为了找野鸟的窝，我没少爬树。我发现，有的树比较好爬，有的树很危险，组成森林的每一种树都有它们的意义。那时，我家附近没有玩具卖，想玩什么都

---

①专指日本在 1947 年到 1949 年之间出生的一代人，是日本"二战"后出现的第一次婴儿潮。
②指因父母上班家中无人，身上总带着家门钥匙自己开门进出的孩子。

得自己砍木头、削竹子做。童年的经历教会我：只要坚持努力，就能得到自己想要的东西。

总而言之，我小时候是个喜欢在山野间乱窜瞎闹的孩子，对学习一点兴趣都没有，念完初中就去闯社会了。当年社会上管我这种没有学历的年轻人叫"金蛋"，说白了就是廉价劳动力，很受企业欢迎。我虽然不甘心，也没有办法，进了一家给相机厂商加工镜头和零件的工厂。就是在那里，我对相机产生了兴趣。在那个年代，相机是非常奢侈的东西，我本来根本摸不着，却因工作的关系接触到了。我在相机的世界中越陷越深，为人类创造的技术惊叹感动，也逐渐加深了对相机机械结构的理解。

后来，我收到哥哥的来信。他比我大五岁，在东京闯荡，他在信上说要去摄影学校。痴迷相机的我这才意识到，摄影可以当饭吃，便立志成为动物摄影师。我心想，哥哥要上摄影学校，我就留在老家自学吧，把每月省下的学费用来买胶卷。我

觉得自己要走的路是没法在学校里学的，我一直在大自然中学习，技术方面自己反复摸索就行。

十七岁的我觉得，既然要当摄影师，就挑战个难一点的主题吧，便决定拍鹫和鹰。我制订了一个宏大的计划，打算拍下日本列岛的十六种鹫和鹰筑巢的画面。经过十五年的不懈努力，终于实现了最初的目标。整个拍

摄计划的难度极高，多亏爬树攀岩的童年经历，我才能爬到比鸟巢更高的树上完成拍摄。这个计划还带来一份意料之外的收获，我成为日本见证蛇雕（栖息在冲绳八重山群岛）筑巢过程的第一人。

与此同时，我潜心研发用于拍摄兽道的无人相机。经验告诉我，要想躲过野生动物敏感的感官"探测器"，精准捕捉它们的生存状态，唯一的办法是用暴露在野外的无人相机拍。不需要买三脚架，打木桩就行。相机需要遮风挡雨的套子，那就用塑料工具盒改造。总之就是配合拍摄目标，循序渐进，亲手把每个需要的东西做出来。毕竟我在跟大自然打交道，按摄影学校教的理论来肯定行不通，如何解读动物发出的信号，只能自学。

在无人摄影的过程中，我意识到单拍野生动物还不够，还要将人类视角引入画面，渐渐地就出版了很多影集，包括《死》《动物默示录》等。然而使用无人相机拍摄的先例太少，我发表的很多观点不符合摄影界以往的定论，也因此承受了很大的舆论压力。说实话，我没少为这些事烦恼，但我觉得这样拍才更有意思。和世人的分歧曾让我感到焦虑与孤独。

就在这时，策展人小原真史先生和杂志社编辑找我做采访。两个年轻人年龄相仿，我带着他们逛了多处拍摄现场，展示了一部部架在山上的无人相机，拿着新鲜出炉的照片，讲述这份工作的有趣之处："密林里奥秘无穷，我们可以通过摄影探索这些奥秘，每天都有许多新的发现……"我的话让两个年轻人很有感触，我们越聊越起劲，成了意气相投的好友。在这两个和我孩子一般大的青年心里，大概也萌生出了我少年时代品尝过的感动吧。自那以后，我们共同策划展览，友谊愈发深厚。我从中学到了新的自然观与摄影观，感到自己怀着坚定的信念坚持了这么多年的事业，终于渐渐得到了年轻人的理解。

一代人有一代人的视角，自然万物就在亘古绵延的时间轴上繁衍生息。本书给了我一个契机，得以将多年的心血传递给下一代，请允许我在此深表谢意。

宫崎学

二〇一七年五月

图书在版编目（CIP）数据

密林侦探：无人相机捕捉到的自然／（日）宫崎学，
（日）小原真史著；曹逸冰译. —— 海口：南海出版公司，
2019.11

ISBN 978-7-5442-9686-1

Ⅰ. ①密… Ⅱ. ①宫… ②小… ③曹… Ⅲ. ①自然哲
学 Ⅳ. ① N02

中国版本图书馆 CIP 数据核字（2019）第 209455 号

著作权合同登记号　图字：30-2018-143

MORI NO TANTEI
Copyright © MANABU MIYAZAKI，MASASHI KOHARA，2017
Chinese translation rights in simplified characters arranged with AKISHOBO
through Japan UNI Agency, Inc.,Tokyo

密林侦探：无人相机捕捉到的自然
〔日〕宫崎学　小原真史 著
曹逸冰 译

出　　版　南海出版公司　（0898)66568511
　　　　　海口市海秀中路51号星华大厦五楼　邮编 570206
发　　行　新经典发行有限公司
　　　　　电话(010)68423599　邮箱 editor@readinglife.com
经　　销　新华书店

责任编辑　侯晓琼　黄渭然
特邀编辑　杜珈琦
营销编辑　辛　颖
装帧设计　朱　琳
内文制作　博远文化

印　　刷　山东鸿君杰文化发展有限公司
开　　本　787毫米×1092毫米　1/32
印　　张　10
字　　数　161千
版　　次　2019年11月第1版
印　　次　2019年11月第1次印刷
书　　号　ISBN 978-7-5442-9686-1
定　　价　68.00元